理财是女人一辈子的事

你的财富是设计出来的

LICAI SHINVREN
LYIBEIZI DESHI

马艳华 ● 著

U0212902

中国商业出版社

图书在版编目（CIP）数据

理财是女人一辈子的事／马艳华著．—北京：中国商业出版社，2013.4
ISBN 978 - 7 - 5044 - 8016 - 3

Ⅰ.①理… Ⅱ.①马… Ⅲ.①女性 - 财务管理 - 通俗读物
Ⅳ.①TS976. 15 - 49

中国版本图书馆 CIP 数据核字（2013）第 037944 号

责任编辑：张振学

中国商业出版社出版发行
010 - 63180647　www.c - cbook.com
（100053　北京广安门内报国寺 1 号）
新华书店总店北京发行所经销
北京毅峰迅捷印刷有限公司
＊
710 × 1000 毫米　16 开　16 印张　240 千字
2013 年 4 月第 1 版　2013 年 4 月第 1 次印刷
定价：32.00 元
＊ ＊ ＊ ＊
（如有印装质量问题可更换）

　　我的生活我做主，这已经成为许多女性朋友的人生宣言。做自己的主人，很重要的一点就是有财力，实现财务自由，这样才能活出女人的美丽！

　　今天，女性朋友在社会中拥有了比原来更多的权力，在职场中也拥有更体面的工作。挣钱本事大，收入丰厚，需要会打理，让钱生出更多的钱，避免坐吃山空；挣钱微薄，手头拮据，更需要科学理财，让自己的生活更多安全保障。

　　无论你是单身女白领，还是已婚女性，都要学会合理地安排好自己的收入和支出，学会储蓄，实现自己的财富的快速积累，而不是过度消费导致自己成为"月光女神"；学会投资，发现更多的致富捷径，实现工资之外的现金收入，为自己今后轻松、自在、无忧虑的人生打下坚实的基础，早日让自己的生活变得更加富裕，更加独立，更加幸福。成为一个不用依赖男人和父母生活的新时期女性，这是每个女人一生奋斗的目标。

　　也许对很多女性朋友来说，存款储蓄还是你现在唯一的理财方式，每个月等着自己的工资打到卡里，然后静等它自己长利息。又或者你根本还没有意识到存款储蓄也是能够为自己增加财富的，没有仔细研究银行不同储蓄方式的利息有何不同。关于购买银行金融产品，投资股票、保险、教育等等更是一无所知的话，那么理财就必须成为你的必修了。

事实上，理财也没有多复杂。无论是个人收入理财，还是家庭理财，亦或是孩子的教育理财等，都是有章可循的。女人在年轻的时候不断努力，不断超越自我，不断投资自己，对今后的事业发展和财富积累都是有益的。理财就是每个女人对自己最必要的投资之一，学会理财，你会把自己的生活打理得井井有条。

其实，理财本身就是一种生活方式，它来自于生活中的点点滴滴，女人要想一生都过富裕而优雅的生活，有必要把理财作为一项长期的事业来打理。学习理财，越早学习就越早能够成为华丽的理财女王。

本书从攒钱开始，帮助女性朋友养成良好的储蓄习惯，掌握家庭理财的技巧，玩转金融投资工具与实物投资产品，学会花小钱过优质生活。同时，还帮助大家努力规避理财风险，真正实现一生衣食无忧、财务自由的人生目标。

毋庸置疑，聪明的女人一定要多点花时间和精力提高自己的竞争力，在人生的竞技场上胜出，尤其需要修炼自己的理财能力。要知道，女人就是要有钱，钱需要聪明地去赚，更需要精明地去理，这是财务自由、幸福一生的必经之途。

目录
Contents

❋ 第三课　能挣钱更会花钱

　　　　——聪明消费,花小钱过优质生活

❋ 第四课　理财从攒钱开始

　　　　——为自己定下严格的储蓄计划

❋ 第五课　幸福家庭理财方案
——扮演好家庭财务管理师的角色

❋ 第六课　玩转金融投资工具
——聪明女人让钱生出更多的钱

目录 Contents

✳ 第七课　走进实物投资市场
——让你的财富增值保值

✳ 第八课　女老板圈钱有道
——自主创业,把脑袋变钱袋

❋ 第九课　财务安全最重要
——预防财务危机，远离个人破产

❋ 附录

第一课
女人就是要有钱

——有财力，才能活出自己的美丽

一位财务独立的女人，在丈夫、孩子、家人与朋友面前都抬得起头来。因为有了足够的经济能力，生命才能够有活力，才能够实现自己的梦想。财务独立的女性，不仅有更多话语权、支付能力，还避免了成为别人的负担与拖累，从而赢得更多的尊重。

幸福，与金钱有关

你幸福吗？好好思考思考这个问题，你会发现可能你现在还不能买到你想要的衣服、鞋子，又可能你现在还没有足够的钱为自己考一个驾驶证，还有可能你现在已是奔三的人了却房车都没有着落。不得不承认，作为独立的人，有很多的人还不能独立负担自己的一切，物质生活还没有得到基本的保障。

这种情况在女人身上更加显见，你可能是靠父母支持，还有可能是靠男友接济，还没有经济上的独立。依靠别人总有一种不安全感，这是因为没有自己创造金钱的能力。

不可否认，幸福，是和金钱有关的，特别是对于女人来说，没有金钱的后盾做保障，就不能随心所欲地满足自己的需求。虽然公开谈论这个话题会令女人显得过于浅薄，但是不得不说，如果没有金钱的支持，你可能觉得满足，但却未必能够幸福。

对于金钱这个问题，现代社会的人们大多数是缄默的，人们害怕背上"拜金主义者"的罪名，有的人还把金钱视为一切罪恶的来源，把金钱视为洪水猛兽。但是，只要不在金钱面前成为俯首称臣的奴隶，又何必隐瞒自己对金钱的向往和追求呢？毕竟，金钱可以换来你想要的东西，虽然并不是所有的一切。

对于运动员来说，良好的运动表现是他们运动价值的实现，但是运动的过程要有金钱来支持，才能使他们坚持到最后胜利的那一刻。一个人可以很热爱运动，可是，没有了成功的诱惑，不知道还能有几个人坚持下来。

没错，由此及彼，只有建立自己的目标，才能更容易获得自己期待的幸福。作为一个女人，要想成为幸福的人，就必须要有一个明确的可以给你带来快乐和意义的目标，然后努力地为实现自己的目标去努力。这其中一个很重要的目标，就是使自己拥有更多的钱。

当然，有一点需要注意，就是在一开始的时候就给自己设置一个适当的目标，这个目标首先是合法的。其次，这个目标是自己努力能够达到，而不是遥不可及的。在追求这个目标的过程中你会发现你一点一点创造的价值是你追求的最大的幸福。

你也必须应该清楚知道，钱就是钱，并不是其他什么别的东西，作为女人，你对金钱的想往并不可耻，因为金钱能够带给你想要的东西，重要的是获取金钱的手段和途径不能丧失掉做人的自尊。没错，女人，就是要自己能够负担得起自己，用自己的努力获得别人的认可和尊重。

在这里，女人们不妨先给自己打一个预防针，可以毫不掩饰自己对金钱的渴望，但是自己的思想必须是充实的，必须明确金钱只是你获得幸福的一种手段，切不可把它当作命运的载体。

相信大多数人都听过这个故事的：

一个到了迟暮之年的百万富翁，在冬天的暖阳里散步，碰到了一个在墙根处的流浪汉，他问流浪汉："你为什么不去工作呢？"

流浪汉回道："我为什么要工作呀？"

"你可以挣到钱呀！"

"我挣钱做什么呢？"

"你挣了钱就可以住大房子，可以享受美味佳肴，可以和自己的家人享受天伦之乐啊。"

"接下来呢？"

"当你老的时候，你就可以衣食无忧，就像现在的我一样，每天散步，晒晒太阳。"

"难道我现在没有在晒太阳吗？"

很多人从这个故事里读到了幸福与金钱无关的味道，但是不得不说这实际上是一个哲学的诡辩故事，不少的穷人会因为读到了这个故事感到欣慰，满足于自己的现状。

的确，幸福很多时候可以与金钱没有关系，就像上面那个流浪汉觉得晒太阳是幸福，那他就可以不去工作挣钱。但是就这个故事来看，它只是在一个特定的场景中发生的，富翁遇到流浪汉的时候正是他最明媚的生活片段。

但是，我们想想，难道晒太阳就是流浪汉的全部生活了吗？他不用吃饭？不需要睡觉？太阳落山没有了太阳怎么办？阴天怎么办？下雨天到哪里躲雨？天冷的时候、天热的时候怎么避开严寒和酷暑？

如果接下来富翁问到了流浪汉上面问题中的任何一个，流浪汉会怎么回答？所以，我们最好还是回归现实，不要把自己的人生当作一次行为艺术，只追寻精神上片刻的满足。相信没有几个人愿意落到流浪的地步，除了那些喜欢体验流浪的人来说，大多数落到那个地步的人实在是出于无奈。

还有一个很典型的例子，就是最近刚刚获得诺贝尔文学奖的莫言。莫言在创作的初期阶段是很潦倒的，他投身文学写作的最初目的并不是创作优秀的文学作品，更没有去想能不能获得诺奖。在最开始的时候，他只有一个愿望——"能一天三顿吃上饺子"，这是一个朴实的能够靠钱实现的愿望。

而获得诺奖的莫言又有了新的愿望，那就是能够在北京买一套属于自己的房子。在没有获得奖金的时候，他的这个愿望可以说是遥不可及的。但是现在他有了实现这个愿望的希望。

虽然中国人崇尚知足常乐，也有人倡导要清心寡欲，这样也未尝不是好事。但是如果是想得到却没有能力得到，只是蜷缩在自己一个人的角落里"知足常乐"也未免太可悲了。

理财宝典

生活品质的保证和生活品位的提高都需要强大的财力支持才能实现，崇尚金钱不是罪，只要取财有道，用自己的劳动为自己谋幸福又有何妨？

经济独立，人格才能独立

20世纪六七十年代，美国兴起了女权运动，妇女们为了为自己争取独立的工作、教育等权力进行斗争，并且目前看来，女性已经获得了比之前多太多的权力，但是女性并没有真正地独立。不难发现，在政治和商业领域里依然是男性主导，女性在很大程度上还是依附于男性的。

今天，中国女性在不同方面获得了跟从前相比难以想象的自由和权力，无论是受教育的权力，婚姻自由的权力，选择生活方式的权力等。但是与美国相似，甚至更严重，中国的男权社会性质更加明显。

中国的政治、经济、军事等领域还是男性占大多数，中国的女性多半是一个家庭里次要的经济来源，多数情况来说，是男性们在支撑着家庭。更有甚者，男性作为家庭的经济来源，女性负责"后勤"，她们大多不工作，选择做全职太太。这样的情况里，女性不能不说很大程度上是依附于男性的，没有人格上的独立可言。

虽然女性也为自己争取尽可能大的权力，但是在工作招聘里对女性的歧视却也是随处可见的。这个不是摆在一个特殊人面前的问题，而是一个社会里的普遍问题，作为女性，要想独立，就要有属于自己的财力支持，拥有自己的人格上的完全独立，自己做自己的主人。

经济上依赖别人意味着不能自己独立做出选择，哪怕是选择一双鞋子，选择一个牌子的化妆品，都是别人的馈赠，即使那个人不给你脸色看，但你都是金钱的奴隶，而不是支配者。中国目前盛行的"小三"就是典型的金钱不独立，继而人格不独立的群体。

在一个家庭里，夫妻双方不论什么时候都要保持彼此的人格独立，而能够决定这种独立的根本因素就是经济上的独立。夫妻收入差距过大、生活方式和理念互不相容等都有可能导致双方生活的不愉快。

提到这些，并不是要女人一定要比男人挣得多，也不是非要用收入的底线来防止感情和生活的变化，但是，女人，只有能自己创造价值，自己才有做主的权力。

让我们一起来看看这个故事：

苏珊四岁的时候，妈妈的工资比爸少很多，那个时候有人劝妈妈不要上班，在家专职带孩子，但是苏珊的妈妈却不愿意，她认为单位待遇还不错，以后发展也会很好的。

那个时候，妈妈常对苏珊说："你要想有好吃的，那妈妈就必须上班才能买给你。爸爸的钱是吃饭的。"

就在苏珊上了小学后，妈妈的工资比爸爸高了不少。到了初中之后，苏珊有了嫁一个有钱人的想法，有一次不经意透露给了妈妈，妈妈沉默了很久才说："你知道什么叫经济独立吗？"苏珊说："知道啊，就是自己挣钱啊。"妈妈说："可是你并不知道后半句，在这个社会中，只有经济独立了，人格才能独立，经济基础决定上层建筑。尤其是女人！"

有的时候，苏珊没有了零花钱，会偷偷问妈妈要，妈妈就会塞给她200元；有的时候看见一件标价不菲的衣服也是舍不得买，还是和妈妈开口，最终妈妈都会送给她的。这时候，妈妈总会笑呵呵地对苏珊说："如果我不拿工资，你会有这件漂亮的衣服吗？如果我一个月就拿1000元，或者根本没有，咱们娘俩会拥有那么多好东西吗？"回家后，苏珊爸爸会说她们娘俩又糟践钱，妈妈就会开玩笑说："那是我自己的工资，给我女儿买东西，怎么了？"爸爸听了也就啧啧两句，便不说什么了。

长大后，苏珊渐渐明白了妈妈的话，在这个社会中，不论是谁，不管你扮演的是女儿还是妻子的角色，伸手问别人要东西，总归是要低声下气的。

从这个故事中我们可以看出，这位妈妈是一位经济上独立的女性，并且教导自己的女儿要做到经济独立。她们在遇到自己喜欢的东西时，不需要向丈夫求助就能完全自己解决，不用看丈夫的脸色。

拿当下流行的婆媳关系来说，其实都是经济不够独立的女性间的矛盾。婆婆受着儿女的冷眼和无情的伤害，而儿媳妇却受着公婆无休无止的指责和白眼，这种难以调和的关系折磨夹在中间的男人，不管最受委屈的人是谁，受伤的都是女人。

这都是因为女人在经济上没有独立，婆婆不能完全接受离开儿女独立生活而衣食无忧，难免会有看媳妇的脸色，受别人白眼的日子。如果有经济上的独立，离开儿女照样能安乐地生活，那就自然避开了来自家庭纷争的痛苦和不快。

作为新时代的女性，何必要依赖别人生存呢？要学着一个人生活，并努力创造自己的生活，而不是等着靠别人。一个女性一定要经济独立，生命才更有活力，能够自己努力实现梦想。当然，我们说经济独立，不是非要争取什么主导权，而是让自己不至于成为别人的负担和拖累。

著名女星张曼玉在接受采访时曾经说过："我从18岁就开始自己赚钱了，我从来不需要用男人的钱，我都是花自己的钱。因为那是自己辛苦赚来的钱，自己花着也舒心。"

经济上独立，自然不必拿别人的钱手软，被侮辱还要忍气吞声。因为人一旦到了缺钱的时候，难免就会气短。虽然俗话说光脚的不怕穿鞋的，没钱的人的命运看似掌握在自己的手里，但是很多时候总会被别人牵制。

女人，要想活出自己的尊严，活得够精彩，就绝对不能让自己缺钱，拥有经济上的独立，才能挺直了腰杆子做人！

毕竟，做人难，做一个独立自强的人更难！但无论到什么时候，也不能把自己当作依附在别人身上的副产品，离开了他的依附体就无法生存了。对女人而言，更不能把自己当作商品来换取一点点的、暂时的生活上的享受，而丧失了生活的志向。

理财宝典

女人，要学着一个人生活！你可以不做雌雄同体，但是人格的独立是要拥有的，要做到这一点，经济上的独立是必不可少的。所以，女人，要有自己独立的经济来源。

优雅生活需要财务支撑

自由的生活是现代人追求的生活方式，最大的优越性在于可以解放人的个性，张扬人的个性，使人成为生活的主人，而不是为生活所左右。无疑，这是一种优雅的生活方式，也是为众多女性向往的生活

第一课

——女人就是要有钱

有财力，才能活出自己的美丽

方式。

　　生活中，每个女人都希望能够优雅地生活。事实上，优雅的女人可以从很多不同的方面予以诠释。可是无论哪一种优雅，都需要有财力上的支撑。换句话说，凡是优雅的生活，都是以物质为基础的。

　　优雅的生活可以是下班后的安宁。忙碌了一天，回到家可以有一个舒适的环境放松自己。屋子最好宽大、整洁，家具最好高雅、环保，有一张属于自己的大床，有属于自己的厨房小天地练手，要有榨汁机、面包机、豆浆机、烤箱……这些看起来稀松平常的字眼，都不是平白就能得来的，要有钱的支撑，你才能享受到这些。

　　优雅的生活可以是不为生计奔命。那些为了维持一上午战斗力而吃早饭的女人，那些为了省下公交钱或衣服钱舍不得喝咖啡的女人，那些为了准时到公司早早等公交的女人，那些不得不为了自己每个月房贷的着落拼命加班的女人——这些女人，都是活得辛苦的女人，没有办法拥有自己的优雅，因为简单到无论是悠闲的早餐、放松的生活，还是让人期待的旅行或是精彩的书籍，这些都要有资金的支持！都需要财力，财力，财力！

　　没错，优雅的生活可以是让自己的脚步和灵魂总有一个在路上。可以想要旅行就随时旅行，不管是想看汹涌的大海还是辽阔的草原，不必为住哪个酒店更省钱而忧愁。可以随时为自己充电，不必为了一本想看的书死等网上的打折。

　　优雅的生活可以是时尚的。无论是束腰大衣、复古式洋装，还是靓丽、俏皮的新发型，亦或是点缀风情的香水、包袋、配饰等，女人用得上的一切都是靠着财力的支持才能让自己时尚优雅起来的。

　　优雅的生活可以是独立的。不用依赖于男人生活，不用看男人的臭脸色，自己负担自己的开销，随心所欲地支付自己的生活，不靠任何一个其他人来为这一切买单。这样的勇气和气魄是要有财力支持的。

　　优雅的生活可以是小资的。是一种淡然、从容的生活态度，可以随意为自己的生活添加自己喜欢的色彩。

小雨家客厅中最显眼的是一套范思哲的金色沙发，当时在家具店它被小雨一眼看中。为了把这个沙发弄到小雨所在的30楼，十几个男子汉站在楼顶上费了九牛二虎之力硬生生地把沙发吊到了30层。

小雨最喜欢的是楼梯处的大吊灯，典型的西班牙风格。静夜时，扶着红木楼梯往上走，一层一层温暖的光洒下来。楼梯的拐角处是一个一米多高的落地古典大花瓶。如果手中再有一个烛台的话，就会有一种行走于中世纪欧洲庄园里的感觉。

房间的装饰采用了豪华的金色，所以小雨在装修上偏重于后现代的简约。不开灯的时候，墙是浅蓝色的，一片凄凉之感。墙和天花板都是用几何图形做装饰，很是雅致，同时也很有特色，每一处都是不一样的。在阁楼敞开的厅里，只有一架欧式钢琴，是小雨的老公送给小雨的结婚礼物。于是钢琴上的天花板就做成了钢琴的造型，点缀的三角图形与灯的形状相映成趣。客厅的天花板则是依照沙发上的布纹造型，比如用一片古典的叶子来点缀。整个房间充满合宜的闲情雅致。

天气晴朗的时候，小雨就坐在露台上晒太阳，左边是高耸入云的大厦，右边是满目青翠的大山，现代的、自然的全都有了。

如果小雨没有强力的财务支撑，怎能让自己的生活集现代和自然于一体，那处处透出高贵气息的家具装饰，那悠闲自在的生活状态，都无从谈起。女人，要想拥有优雅从容的生活，财力的支撑必不可少。

从漫长的人类发展史来看，金钱对任何社会，对任何人都是重要的，可以说金钱是有益的，你可以说它买不来健康，但是它却能买来重病时的一个床位，你也可以说它买不来良好的睡眠，但是它却可以买来一所房子和一张舒适的大床，金钱是一切幸福生活的基础和保障。

现代社会发展迅速，只单纯地追求时尚的脚步已经是不可能的，但是人们对生活水平的要求越来越高却是显而易见的。在现实的生活中，要想让自己的生活变得更加优雅些、自在些，金钱是必不可少的。我们不得不承认，虽然金钱不是万能的，但是没有金钱却是万万不能的。

优雅生活的前提是我们每个人都必须拥有的基本保障：房子、家具、电器、服装、小轿车等等，这些东西都不是从天而降的，都是要用钱才能购买到的。可以说，人们对这类东西的渴望是永无止境的，时代永远在更新，你随时都会产生新的欲望，只有金钱能满足你的这些欲望。

可以说，作为女人要比男人更会理财，更要成为有钱人，以理财的方式为自己创造更多的财富，精心打造自己的优雅生活。可以用最小的投资来换取最大的收益，用最低的成本打造最奢华的生活。一个现代新女性，理应具有这样的远见。

独自生活的女人更是要注重生活的品质，用心爱自己，爱自己的家人，让自己尽可能地在积极的范围内享受生活的美好，用愉悦的心情去接受生命赋予的美好。虽然是孤单的，但却不孤独，你能够独自承担一切，和闺蜜相约聊聊时尚，逛逛购物广场。

独立的女人，能够让自己过上自己喜爱的生活，穿自己中意的衣服，选择自己满意的伴侣，使用自己钟情的生活用品，吃对自己身体健康有益的食物。这样的优雅，有财力的支持，哪个女人不想要呢？

理财宝典

只做自己喜欢的工作，能去自己想去的地方，自在地选择自己看上的商品，如此优雅的生活，没有钱，当然是做不到的。

成熟，从才女到财女

　　成熟的女人，首先必须是独立的女人，而要做独立的女人，不仅要有才，更要有财。美丽的女人，是一出生就中彩的人，会让人羡慕，而对于没有中彩的女人，就要有自己的才和财。假如你的才不能转换成财，倒不如从做才女到做财女。

　　陈鲁豫、徐静蕾这些人都可以说并没有天生逼人的美丽外表，可是她们都有一个共同之处，她们清醒地投资、经营自己，不骄不躁，精确地制定自己的职业生涯规划，实现自己从才女到财女的华丽转身，转得那么漂亮、从容。

　　看到这里，难免会有一部分女生感叹可惜自己并不是才女，很有可能是没有机会成为财女了。其实不然，只要学会理财，把那些消极的、老土的"金钱观"全部扔掉。谁有钱都不如自己有钱，虽然有钱并不代表自己是成功的，但是有钱确能给自己带来一定的尊严和自由。做个财女，没有什么不好。

　　如果你对自己的人生还有追求，那就不能犹豫，马上行动起来，不能让你的钱躺在银行里睡觉，理财是你该迈出的第一步。有了良好的理财习惯，逐渐的你就会有一些闲钱，让闲钱即刻为自己生钱，这是每个成熟女人都要考虑的事情。

　　陈筱，是一家外企公司的董事长助理，拥有令人羡慕的幸福小家庭，工作与家庭的关系处理得井井有条。"千万不能让钱躺着睡觉"是她的家庭理财格言，陈筱说："开始投资时，我对理财方面的东西

第一课 女人就是要有钱
——有财力，才能活出自己的美丽

了解不多，感觉股市起伏比较大，平时也没有时间去关注和研究。后来在银行理财师的建议下，我将理财重点调整到家庭来了。"

储备孩子教育金来规避风险保障家庭资产的保值已经成为陈筱现在的主要工作，她选择的是有"懒人理财"之称的基金定投，这个理财方案适合于每月收入固定的人群，并且在长期的投资中能够平摊市场风险，收益比较稳定。陈筱打算把这一部分收入当作自己即将出生的宝宝的教育基金和自己的养老金。

剩下的钱陈筱留出了一部分作为日常生活的应急资金，其余部门还做了一些固定收益类的低风险投资，比如购买银行的短期理财产品，或者买分红保险，不但有了保障，每个月还有红利返还。另外一小部分做一些风险较高的投资，比如股票或者贵金属。

一年下来，虽然投资市场有涨有跌，但是合理的资产配置和规划使陈筱收益不少。

可见，正是合理的理财投资，让陈筱从才女开始向财女转变。也许，过上"成熟财女"的日子并不那么容易，也许现在的你正在为这个目标奋斗着。但是，只要你坚持"千万不能让钱躺着睡觉"，终有一天你会实现"成熟财女"钱生钱的目标。

或许你会说我现在有美满幸福的家庭，有一个爱我疼我，挣钱又多的老公，没有必要非得自己理财，但是如果能够在此良好的基础上你再抹上靓丽的一笔，那你就是名副其实的拥有美丽财富的"品质才女"了。

当你一步一步到达理财的鼎盛时期，你就可以接着投资实业，比如，或许你比较喜欢美容，那么你可以开美容店；或许你比较喜欢喝茶，你可以开茶馆；还可以涉足收藏等领域。你还可以增加自身的健康服饰美容的相应支出，提升自我的时尚品位，让自己高雅不俗。

实际上，为了成为有品位的成熟财女，养成良好的理财习惯是必须经历的过程。

首先，要学会的就是量入为出。量入为出是投资理财成功的基石，在自己的全部收入中，每年至少应将收入的 10% 存入银行。或许你现在是一个初尝投资甜头的新新女性，对目前的投资收益很满意，但是，这并不能真正代替你的养老计划，只有良好的储蓄习惯，才有可能保证后半生无忧。无论是多么成功的投资收入，固定的收入储存对于女性理财来说都是必须的。

其次，要对自己的退休金账户有足够的重视。如果你还是一位在职女性的话，毫无疑问，你每年都应该确保个人的退休金账户有充足的资金来源。无论是你投资了多么好的项目，能够赚取多么多的钱，退休金账户始终都是最好的储蓄项目，因为它稳定、保值。

再次，投资项目的组合应多样化。一般来说，初步涉足理财投资领域的女性，最先倾向投资可能是股票市场。而相对年纪大一些的人则更加倾向于将钱投资在债券里。但是，理智的做法却并非如此，而是要让自己的投资项目组合多样化，这样把钱投到不同的投资工具中来就会分散投资的风险，有效地将自己的资产进行配置。

另外，要避免高成本的负债并且制定应急计划。所谓高成本负债，关键是处理好信用卡的透支问题。相信很多女性朋友会在手头紧的时候透支信用卡，并且往往又不能及时还清透支金额，结果就是月复月地偿还利息，导致负债成本过高。而制定应急计划也是必要的，应急计划用钱是指类似看病等大笔费用，当然小笔的开支照样能够应付。

最后，成为家人的保障。理财的目的不光是让自己成为一个财女，特别是如果家里还有在经济上不能自立的家庭成员，他们需要你在某些时候提供经济支持，那么你应该为他们做一个保障计划，以免意外事件带来巨大损失和伤害。

无可否认，熟女们要想实现真正的成熟，必然经历从才女到财女的过程，在这个过程中，无论从哪一方面讲，实现这个跨越都是有很

第一课 ——女人就是要有钱 有财力，才能活出自己的美丽

多功课要做的，为了更加舒适保障的生活，才女们修炼吧！

理财宝典

要想成为财女，学会理财就至关重要了，无论是投资项目还是资金分配都需要悉心学习，这就是才女到财女修炼的第一步。

财务自由，让女人更有底气

女人在家里是处于从属地位还是自主地位，在工作中是为了工作而工作还是为了挣钱而工作，在休闲娱乐的时候是计算会花费多少银子还是随心所欲，这主要还是看女人的财务是否自由。财务自由的女人在家里地位也就比较高，工作中也更有底气，敢于和老板讲条件，而在休闲娱乐的时候更是不用顾忌太多。

我们不能说现在的社会是一个纯物质的社会，但却不得不承认，现代社会是一个现实的社会，没有钱，大多时候是寸步难行的。作为女人都会有一些虚荣心，自己口袋里没有钱的话，会害怕和闺蜜在一起，因为这个过程中避免不了要花钱，如果没有财务自由，当然会没有底气。

现代女人需要不断充电，读书使人更加聪慧，可是读万卷书，行万里路，到外面的世界走一走，这样不仅能开阔视野，调养身心，丰富自己的人生经历和内涵。阅读书籍、每年旅游、持续健身、定期美容、翻看时尚杂志了解最流行的化妆美容趋势、进电影院看电影。这些都是提升品位的重要途径，都是魅力女人的必修课，但是没有一定的经济基础是没有办法完成这些充电课程的。要想有足够的底气为自己的魅力增光添彩，财务上的自由是女人必须拥有的。

所以，女人一定要规划好自己的每笔财务，在存钱的时候要有一个商人的钱生钱的头脑，在花钱的时候也要有一个商人的头脑，在不动声色的情况下，让闺蜜感觉自己很大方。当然，花钱大方的前提是自己得有钱，要想有钱就得多挣钱。

我们都知道，在改革开放前，上海的女人一直给人"精明但不聪明"、"咄咄逼人"的印象，三十年间，上海女人发生了翻天覆地的变化，其中上海女人"钱包渐鼓"最受到人们的瞩目。女性有了更多的就业机会，自己能够创造财富，钱包鼓起来的上海女人对男人的依附程度也进一步降低，敢于有自己的想法并实现自己的想法。敢于表达自己的观点，并更有底气表达。

有了钱的上海女性，不仅能够自己养活自己，并且更有"权"了，经有关数据显示，上海的专业技术岗位、管理岗位的女性比例，从大约三十年前的一成到如今已超过三成，这些名利双丰收的女性自然在家庭中也更有底气了。

上海女人爱美，但是爱美是需要财务底气撑着的，不管是从开双眼皮、植睫毛，还是隆鼻、拉皮、丰胸，或者美甲和修脚，都张口向老公要就难免会低声下气，有的碰上吝啬的老公难免还要看老公的脸色。因此，财务自由无疑就撑起了女人变美的底气。

无疑，要想成为有底气的女人，就要成为财务自由的女人。

首先，要有一份稳定的工作。即使你的工作不能让你大富大贵，不能让你独立买房买车，也要最起码有一份使自己自食其力的工作，能够用自己的能力购买自己需要的东西，无论是日常开支还是充电进修都要自己负担自己的一切开支。不依靠男人，不用讨好男人，才更有独立自我的底气。

其次，要对自己的资金有一个合理的规划。很显然，具有固定的工资能让自己避免成为金钱的奴隶，不用卑躬屈膝向别人讨钱。但是仅仅有固定的工资还是不够的，是不足以支撑你达到财务自由的目的的。

第一课
——女人就是要有钱
有财力，才能活出自己的美丽

你的工资或许只够你买衣服、鞋子，美容和健身或者再额外的开支就无法满足了。那么对自己的资金有一个规划就是你需要学习的了，这也就是所谓的理财需要注意的问题。

再次，理财要有步骤的学习。俗话说的好，谁都不能一口吃个胖子，心急吃不了热豆腐，想理财固然是一件好事，想通过理财使自己的手头更加宽裕，财务更加自由，底气更加充足也是值得肯定的。但是理财切忌盲目，对于初涉投资的人最先要学习的一课就是理智。要能够合理计划自己的理财项目和资金分配，千万不能偷鸡不成蚀把米。

最后，理财是一个长期的过程，不是一蹴而就的。你可以先从存钱开始做起，活期的、死期的分开计算，这种理财方式虽然回报较小，但是风险最小。接下来你可以选择股票、金属投资等理财方式，开始投入的钱不要太多，并且避免孤注一掷。在熟悉了各种理财方式，锻炼了自己的胆量之后，可以再逐渐开始其他方式的理财，并且可以加大投资金额。

也许你现在仅仅二十岁，开始憧憬能有一个属于自己的温馨甜蜜的窝；也许你刚过30岁，正在经营自己蒸蒸日上的事业；也许你已是年到40的中年女性，已经练就从容、宠辱不惊。但是有一个事实是摆在眼前的，那就是随时随地都要花钱。也正是因为如此，女人务必要有自己的财务自由，唯有此才能有自己一生美丽自信的微笑。

女人拥有自己的财务自由，不光是为了追求享乐、为了拥有名牌包包，而是要有能力爱自己，也要有能力爱别人。懂得理财，才有生活的底气，才不必当金钱的奴隶，只有这样，才能决定自己的生活质量，只有这样，人生才会由自己主宰。

女人的底气是慢慢修养来，有底气的前提是个人的财务自由。财务上自己有了自由支配的权力，才有自己做自己喜欢的事情的能力，不用委曲求全于别人，自己是自己的主人。

理财宝典

当你觉得自己的消费欲望需要靠别人的资助才能完成，那就是底气不足的表现，开始理财，实现财务自由就是你新的必修课了。

最重要的是有财富的气质

什么是财富的气质？难道就是珠光宝气，名牌加身？著名节目主持人杨澜曾经说过，财富是没有性别特征的，也不是千篇一律的。财富可能造就出来一个像宋美龄一样的气质，也可能打造出来一个全身钻石俗不可耐的人。

作为女人更是如此，财富在不同的女人身上会发挥不同的作用，俗话说，三代出一个贵族，那就是财富和教养的不断延续，包括修养和视野。所以，拥有财富的女性，关键还是要培养财富的气质。

记得在一本书中看过，一位女性，她的父亲曾教她如何当一个女人。她被带到高级俱乐部，去看那些女人是如何跟男人相处的。最后，她结婚了，他的另一半没有情妇，只有她一个女人，那她学会了什么？

她学会了如何打高尔夫球、她学会了如何评鉴美酒、她学会了温柔地聆听、她学会了表达自己的意见、她学会了摄影、她学会了舞蹈、她学会了让自己高贵美丽、她学会了经营自己的事业，总之，除了财富之外，她学会了培养自己的气质，一种财富的气质。

有人说，女人一定要有钱，再穷也要去旅行，就是因为旅行可以使女人的内心更加丰富，在财富支撑下的旅行，会培养你更加高贵、典雅、不凡的气质。

而且，现代的职场也并不是一个公平的地方，特别是对于女性来说更加残酷，女性与男性相比同工而不同酬，公司裁员多半先裁掉女性员工，女性更不容易领到退休金等问题。这些都逼女人要尽早学会理财，可是仅仅学会理财，积累更多的财富还是不够的，关键是拥有财富之后女性气质也要随之改变。

能够用钱买到的东西不是气质，你可以穿世界大师设计的衣服，你可以穿顶级设计师设计的鞋子，你可以背奢侈的包包，但是，仅有这些还不是财富气质。让我们先来读下面这样一个故事：

一天，和一个朋友到"热带风暴"玩，游泳、冲浪和进行一些冒险游戏是自然的事情了，不过，在这种地方，还有一些意外的乐趣，那就是可以欣赏大量的泳装女人，呵呵！

我们看到了一个身材奇好的年轻女人，左看、右看、上看、下看都不错，旁边跟着一个中年男子（呵呵，我们发现，一些身材奇好的性感女郎一般都是跟着中年男子，该是经济实力使然喽）！我们一起排队玩一个项目的时候，和那女子隔得很近（不是故意的，呵呵）。

这时，我朋友悄声对我说："可惜！"

我问："什么可惜？"

他说："看那女的，没有气质！身材确实不错，长相也不差，但是没有气质，一看就是小地方来的，家境出身不好才依附于那个中年男人吧！这样的女人，一眼就看得出来，真正富家太太或富家小姐，即便丑一点，但也可以养成一种气质！这种气质不是一两天能养成的，必须是长期优裕的物质生活和精神快意才能生成的。名牌服饰和化妆品都没有用。"

这个女人看起来之所以气质显俗就是因为见识短浅，眼界不够开阔。但是这也不是因为她们不够优秀，完全是因为没有财力的支持帮助她们养成更好的气质。假如这些女人能在将来和这些阔男人成婚的话，那经过一段时间的生活，气质大多也能提高一个层次。

虽然我们不提倡这种靠男人发达的做法，但是拥有财富并不是终极目标，而是要有财富支撑的气质。

作为女人，拥有经济上的独立只是培养气质的第一步，财富的积累是为了让自己的气质更加高贵，那要怎么培养自己财富下的好气质呢？

首先，要消除自己的"暴发户"的心理。女人如果经历过从没钱到有钱的过程，最容易产生的就是暴发户的心理。一下子有了很多钱的感觉难免不适应，无所适从，不知如何是好。这个时候，最好能够给自己列出一个购物计划书，避免自己在消费的时候只选贵的，不选对的。因为有的时候，贵的东西不一定能衬托出一个人优雅的气质。

其次，要给自己的思想充电。女人只有思想充实才能更有气质。在尝到了理财的甜头之后，能够支付自己的物质生活条件之后，最好能够用书籍来充实自己的精神世界，华丽的衣服只能是庸俗的气质，只有内心丰富才是高贵的气质。因此，你可以为自己买一些关于时尚的杂志，培养自己的品位，可以买一些关于经济和市场的书籍，为自己将来的投资做准备。

最后，要培养自己的兴趣，高尔夫、网球、台球、品茶、收藏等，都可以成为你的兴趣，培养这些兴趣的目的不在于让它们成为你交际的手段，而是让你有一种自然流露的天然气质，这种气质不是装出来的，而是在你的日常生活中慢慢养成的。

所有这些都是在你理财初有成效的时候需要培养的，这就是财富气质。

理财宝典

理财不难学，理财成功也并不是什么难事，对于女人，重要的还有积累财富之后培养财富的气质，只有内外兼修，才是最优秀的女人。

第一课　女人就是要有钱——有财力，才能活出自己的美丽

健康是女人最大的财富

健康是每个女人都想拥有的，每年花几千元的钱美容，不如花二三百元来体检，每年花上万元买奢侈品，不如花二三千元买对健康有用的产品。虽然说女人的外表很重要，但是，如果和健康相比，却不如后者更实际。

在生活中，有些人为了做到最好的绩效，为了得到更好的评价，为了挣更多的钱拼命加班，为了管理好自己的公司通宵达旦，或许，经过一番拼搏，你的财富增加了，你的地位提高了，你的名誉也获得了，但是伴随着这些的却是你的健康透支，亚健康的身体，甚至过劳死。女人，你有没有真正问过自己真正想要的到底是什么？

实际上，重金属、股票、期货等等的投资虽然能给你带来财富的增加，但是伴随着身体亮起红灯，还有什么幸福可言呢？对于女人而言还有什么比对投资身体健康更重要呢？

尤其是那些奔波在社会、家庭和事业之间的女人们，最容易透支的不是信用卡，而是自己的健康。她们为工作的事操心，为家庭的事操心，为交际的事操心，总之，操尽了一切的心，换来的就是对自己健康的损害。

女人，最大的投资之所以是健康，是因为健康的身体是拼搏和生活的基础，没有了健康，工作无从谈起，生活无从谈起，休闲娱乐更是无从谈起。你可以在自己的工作中激情四射，但是同时也要善待自己，保持身心的健康，这才是女人最大的本钱。

有人说，人在四十岁以前用身体赚钱，在四十岁以后用钱赚身体，但是身体可以赚到钱，钱赚身体可就未必那么容易了。即使前半生你用健康换来了亿万家产，但是身体健康丢了，你无福消受这些财富，你这一辈子到头来又有什么意义呢？

所以说，女人，要对自己好一点，保持身体健康是时刻都要关注的。我们不能想象屋子坍塌的情形，可是一旦屋子真的塌了，我们还可以搬到别的地方住，但是健康一旦失去，就难以找回。

对女人而言，要想实现自己的人生价值，用自己的双手和智慧创造财富，要付出辛勤的劳动，要有坚持的恒心，唯有付出才有回报，可是这些财富和地位的增加不是一朝一夕就能获得的，最终还得靠有一个健康的身体做后盾才能实现。健康的身体是创造其他财富的基础。

有一位医生讲课，他在黑板上写下了数字10000000，然后，从右向左逐个指着每一个"0"解释："这是金钱，这是事业，这是亲人，这是快乐，这是名车，这是豪宅，这是地位。"他最后指着那个"1"说："这是身体，如果没有身体，其他的全是零，全都没有意义。"是啊，身体是人在世上维持正常生命的物质基础，皮之不存，毛将焉附？

女人只有拥有了健康的身体，才有美满的家庭，才有喜爱的工作，才能做自己渴望做到的事情。只有身体健康，才会有创造性，才能创造更加美好的生活。

那，作为女人要怎样才能保住自己最大的财富呢？

（1）要养成定期检查身体的习惯。定期的体检对女人来说尤为重要。很多疾病并不是一时半会儿就形成的，而是经过岁月的累积导致的。定期的体检可以帮你发现自己身体出现的问题，及时解决，以免到了一发不可收拾的地步。

（2）要珍惜自己有限的精力。充沛的精力是成就伟大事业的前提，这是一条铁的法则。很多女人认为自己有取之不尽、用之不竭的能量，因而在日常生活中熬夜、饮酒、饮食无度、吸烟等，这些不良的生活习惯会减弱甚至摧残女人的生命储能。

（3）再忙也要抽出时间运动。生命在于运动，一个好的身体要有好的运动习惯才能达到，这就要求女人们在运动上多些投资。跑步机、网球、瑜伽等等都是适合女性的锻炼方式。当然，运动贵在坚持，时间的积累会帮你成就一个健康的身体。

（4）不做工作狂，不做金钱的奴隶。女人，当然也可以很热爱你的工作，你也可以为了自己的工作竭尽全力，你甚至也可以追求更多的金钱。但是，请记住，你的工作不是你的全部，你还有自己的身体需要关心，身体是你能正常工作的本钱。金钱不是人生的唯一，追求钱却不能为金钱所左右，保证身体的健康才会有机会创造更多的金钱。

（5）让家成为自己身体的港湾。一个女人无论在外面多么强势，多么拼命，回到家都要完全放松自己才能保证有一个身体和精神的缓解，才能更好地投入到自己的事业中去。经营一个好的家庭，培养一个好的丈夫，他能给你一个完全惬意的环境放空自己。

理财宝典

投资高手？创业新女性？职场女达人？这些你都可以做到，但是前提是你得有一个经得起折腾的身体，健康才是女人最大的财富。

第二课
一辈子做理财女王

——能赚钱是优势，会理财是本事

今天，能赚钱的女人很多。她们在职场、商场上与男人并肩战斗，丝毫不逊于男儿，这种本事的确令人艳羡。但是，对更多女性朋友来说，获取财务自由、坐拥更多财富，主要还是靠理财。发挥女性打理钱财的天生本事，在不显山露水中实现财务自由，才是真本事。

理财，让金钱为你打工

攒钱，守钱，实际上都不是理财，真正的理财是让自己的金钱为自己创造更多的财富。84 岁的亚洲首富李嘉诚向媒体公开披露了自己对财产的分配情况，一时间引发了外界对李嘉诚巨额财产的浓厚兴趣。李嘉诚讲到，致富的方式，简单讲就是用每月收支账的结余，去买可以增值或稳定产生现金流的资产，再用资产产生的现金流加上新的结余去买更多的可以生钱的资产。

为什么有的女人的收入高，有的女人的收入低？这其中最重要的就是有的女人过的是价格人生，有的女人过的是价值人生。举个简单的例子，一个女人一个月能挣 3000 元，这就是价格收入。但是有的女人却能用部分工资进行投资，获得工资之外的额外收入，这就是价值收入。

一般说来，当你有闲散的资金，不要把它们做出不得闺房的"小姑娘"，大胆地把钱拿出来，让自己的钱为自己打工，为自己创造更多的价值。你可以在理财方式上多做些学习，让自己的金钱不在银行里躺着睡觉。

可能说到这里，还是有一些女性朋友不能明白什么叫做让金钱打工，简而言之，就是创造一个现金流，可以创造价值的现金流。比如说，一家店或者是一个企业，都是能够定期给你"输血"的现金流。

女性朋友们，也许你会说："是啊，我有投资理财产品啊！"请注意，将自己的闲散资金投资于金融市场，只是买一个理财产品的话，特别是短期的理财产品，还算不上是真正的让钱为你打工。因为这种理财产品是谁都有可能购买的，而且回报也不多，不确定。如果只是存在银行的话，那就是最笨的方法了。

能让钱为你打工的金融产品都是回报较高的，风险也较大。能不能达到让钱为你打工的地步，就看你自己的能耐了，期货、外汇、期权、房产、店铺等等，都是让钱为你打工的好方式。

想要成为金钱的主人，让金钱为你打工，并由此过上幸福的生活，合理的投资一定是不可少的，但是投资什么不投资什么，是你必须研究的一个问题。最好能在投资回报高的项目前，盘点一下，自己迄今投资了哪些，收益怎么样？哪些是你有能力承担投资的，你目前有什么打算？只有经过精打细算，你才轻松地成为金钱的主人。

　　35 的汪红现在是时尚杂志的一名编辑，虽然每天都过着朝九晚五的生活，但是却不再把工作当成自己谋生的手段，幸福感也因此加分不少。她说："自己现在虽然只有三十多岁，但是随时可以退休了，这完全要收益于八年以来的投资房产的回报。"

　　2000 年的时候，汪红大学毕业进入了一家地产类的媒体工作，由于自己的工作性质，她在很早的时候就开始接触了地产开发商。"每天写房地产的新闻稿，自己也想体验一下房产投资，加上当初也想孝敬父母，就跟老公凑了 12 万元，付了首付。"汪红说。不到两年的时间，这套房产价值就翻倍了。他们借钱提前还贷，卖掉了房子。由于认识了不少楼盘的开发商，汪红卖完了这套房子后又购入了另外两处房产。当初她只是出于想为自己再购买一套房的想法，却没有想到房地产市场的大牛市随之而来了。

　　尝到了不少甜头的汪红，2004 年到 2007 年三年的时间里，先后用按揭贷款买到了别墅和写字楼。经过几次倒手，现在，这几套房产的租金在每个月还完贷款后还富余1万元。他们夫妻二人的小资生活过得相当滋润。

可见，虽然房产的走势不明，但是至今为止，房产仍然是普通百姓投资成功率最高最感同身受的投资方式，女性朋友们可以适当地进行投资。但是不得不指出的是，随着各种调控政策的出台和房价下跌可能性的增加，房产投资致富还是需要谨慎的。

当然，我们是不主张现阶段疯狂"炒房"的，对房产投资有意向的女性朋友们，可以从出租收益率为主，另外注意房产投资的负债比例不能过高，以确保自己不会被套空。

那除了房产以外怎么让金钱以其他方式为自己打工呢？其中一个值得我们考虑的投资项目是保险。人活一世，特别是女人，就是追求人生的安顿和平静，所以退休计划应该尽早制定。

时间是一种神奇的东西，时间的积累可以为你带来财富的增加，在人生的不同阶段，要有不同的保险产品为自己的人生保驾护航。这是因为，每个女人都无法掌控自己的身体健康和生活境况，就像是我们无法掌控天气一样，当自己的生活变脸的时候，你还有一份保险为自己做坚强的后盾。

贵重金属或者宝石，这种东西在富人的圈里永远不会被淘汰，换一种说法投资贵重的金属和宝石实际上和投资黄金是同样可以保值的理财方式。并且，随着不同公司股票价格的波动，长期内获得较大收益的可能性还是很大的。

另外，投资自己的职场，对于职场的投资，也许它不能立刻给你带来明显的收益，但是这种投资可以扩展和利用自己的经验、技能、知识、人脉等资源，这些都能帮助你获得职业上的成功，是一种长远的收益。这种投资可以带来你的职业素养的提升，自然你的升职机会

第二课 ——— 一辈子做理财女王 能赚钱是优势，会理财是本事

会比其他人大，工资的增长自然也就不必说了。再说，女人多学习，总没有坏处。

此外，读书是一种投资，旅行也是。女性把自己购买化妆品、名品的时间进行一下安排，用在旅行上还是可以省下不少资金的。比如在平时少购置一些进口的商品，而是在去香港、新加坡或者美国等地旅行的时候集中购买，这就是让金钱为你省金钱的好方法。

理财宝典

你可能是高收入，也可能是低收入，但是不管是哪种，你总可以找到一种让自己的工资变为现金流的方式，让自己的钱成为自己的工人，为你创造更大的价值。

收入越高，越需要理财

也许你是职场的新新女性，有着不菲的工资、光鲜的职业，受人尊重，甚至你还有属于自己的明亮办公间，你已经成为让普通的女职员无比羡慕的高收入者。但是，不得不说，你也会有自己的难言之隐，诸如职场上遭遇瓶颈，生活负担重，幸福感降低等。

可见，单纯赚钱存钱，不会使你的钱保值增值，反而很有可能造成自己的财富不断缩水。很多的高收入女性不仅没有成为社会里的"中间层"，反而成为了"夹心层"，这就是因为虽然就自己的工资来说，这些女性是高收入群体，但是由于不重视理财，财富不仅没有增加，在通货膨胀的大背景下还会缩水。

不可否认，那些收入高的女性，花费也相应较高。在一家金融机构担任理财经理的赵女士，年收入近 15 万元，但是每到年终盘点的时候，手中的可支配资金所剩无几。"这样算下来，我每月花掉的钱都在 1 万元左右，平均每天是 300 多元，这些钱到底是怎么花出去的呢？"赵女士感到疑惑不解。

环顾自己的居所，并没有添置什么大件的物品，家具是刚搬进来的时候购置的，家电也是前些年买的。不过当她打开自己的衣橱、鞋柜的时候，不由得大吃一惊，满满一橱柜的各色衣物，夏天穿的短袖、套裙就有十几套，有些连标签都还没有剪掉；鞋柜里的休闲鞋、高跟鞋也有十几双，价格都在两三千元左右；玄关处的背包也有好几个，其中就有两个国际品牌的包，价格均不菲。

这些衣服都是花在表面上的钱，都是能够看得见的物品，但是平时用在吃喝玩乐上的钱就更是难以计算了。和朋友逛街的时候用于吃喝的钱就已经好几百，因为一般和朋友会选择在西餐厅吃饭，虽然通常时候是 AA 制，再加上喝咖啡、看电影、买零食等等都算在一起，一天下来就是几百块钱的开销。

可见，即使收入颇高的人，规划好自己的资金，做好理财的功课，才能不至于让自己的钱不仅不会生财，反而连钱都存不下来。

让我们看看世界上那些百万富翁们，他们虽然很富有，但是却保持着良好的家庭理财习惯。他们会选择翻新家具而不是购置新的；不定期更换比较便宜的长途电话公司；从不通过电话购买产品；鞋子坏了将鞋底换掉或者修补鞋子；购买日常杂货用品的时候使用优惠券；购买散装的家庭用品而不是大品牌。

也许这些在你看来不是高品质的生活，但是，钱财的流失往往就是在你最不注意的事情上快速展开的，你还来不及注意到这些钱都跑去了哪里，它们就已经悄悄从你的口袋溜走了。所以，认真审视自己的消费习惯，是否关注名牌，是否除了奢侈品外的东西就不会选择，是否太过浪费，很多东西买了却没有用等等。

生活中，女性大部分都是冲动型的消费者，她们往往会在没有携带购物单或者只是一张短短的购物单就出现在了超级市场中。她们没有计划，在商场中四处闲逛，所以她们在寻找商品上会花费很多的时间。可是，在商场中花费的时间越多，所花费的钱就越多，因为大量的商品会刺激人的消费欲望。特别是在没有购物清单的情况下，女人经常会购买很久以后才会最终选择需要或者根本不需要的东西。

那么，要怎样养成良好的消费习惯为自己省钱呢？购物前编制自己的购物清单，不买不需要的东西；最好买好了自己需要的东西就离开，避免漫无目的的闲逛；光顾那些打折的店铺，最好能挑选打折最低的商品等。

这样，坚持下来，女性会从衣服、鞋子、名牌包、化妆品、健身等很多方面都避免自己不理性消费的情况。把自己的消费做一个计划，在自己忍不住又购买那些不必要或者完全可以用更便宜的同类商品代替的物品时，就要打消自己的过度消费念头。

养成好的消费固然重要，此外在应酬上也要做到量入为出。女人在职场上打拼是不容易的，能够维持良好的人际关系还是需要付出一些金钱代价的，请客吃饭肯定是不能省的一笔开销。既然这笔费用不可避免，那么我们能做到的就是最好预先做好量入为出的计划，把每个月的请客花销单拿出来，不再额外支取这方面的开销，不做脸肿的有钱人。

这样，养成理性的消费习惯，是你提高收入理财的第一步，接下来就是对自己的资金做一个整体的规划，开始更高级别的理财大计。

事实上，高级别的理财并不是单纯省钱就够达到目的的，最好能够把自己的购买行为和投资行为结合起来。最好能把房子作为一种理财对象，买房子的时候不要畏首畏尾，把买房子作为投资的一部分。或者贷款买下一个店铺，租出去，以租养贷就是很好的理财方式。

既然要做投资，那么自己的储蓄率就不能太过，虽然储蓄的安全性和流动性很高，但是收益显然是很低的，这样的资金并没能发挥保值增值的作用。最好能够根据自己的现实情况进行投资。房产只是投资的一个方面，是适合有大笔资金的女性的，如果你的现金不够宽裕，保险、期货、股票等不仅投资大小可以随意控制，并且风险性也都相对较小。

作为女人，虽然你有固定的收入或者数额还不小，但是永远不要自大，不能选择那些和你的能力和才干不相适应的理财策略。盲目的投资理财只会让你的资金圈进别人的现金流，不会为自己创造价值。只有和自己的能力相适应的理财投资方式才不会成为自己的负担，从而即能保证自己的正常生活水平，又不至于为了投资降低了自己的生活水准。

理财宝典

作为女性，有一个高收入是很好的前提，这样的收入会为你带来很好的生活质量，保证自己的独立。但是控制消费，理性投资，都是在自己的理财大计中需要学习的课程。

第二课

一辈子做理财女王
——能赚钱是优势，会理财是本事

没钱，更要精打细算

细数世界富人榜或者是中国富人榜，可以发现，女性富翁是屈指可数的，女人在财富的创造能力上远没有男人高已成为不争的事实。挣得少的女人比比皆是，难道挣得少就该自暴自弃吗？当然不是，挣得少更要养成好的理财习惯，最好能够精打细算。

作为年轻的女性，特别是刚刚步入职场的女性来说，挣的钱难免不多，这就更需要精打细算过生活了。有些低收入的人认为理财只是有钱人才会干的事，钱少就没有理的必要了。但是理财并不是有钱人的专利，有钱人需要理财，钱不多的人更要做好自己的财务规划。特别是对女人而言，要想对自己好一点，多点钱，就是多点保障。

对于普通的工薪阶层女性来说，理财的主要内容就是算计支出的合理利用，就是要规划储蓄的安全增值，就是保障好已经有的资产的安全。然而很多的工薪阶层都有一个认识上的错误，那就是觉得随着自己工资的增加，自己的资产也会越来越多，至于理财，完全是没有必要的事情。

然而事实上却并非如此，因为人们的物质需求欲望是和收入同步提高的，特别是对于女人来说，收入越多，需求也就会越多，也就是说自己的收入和支出的百分比在任何时候都会保持不变，甚至会支出的更多。比如说，你月收入大部分时候是 3500 元，还没有自己的车，每天上下班就会选择公交车。但是当你的月收入达到 10000 元的时候，很可能就会选择打车，光交通费这一项支出而言，很显然后者占收入的百分比会超过前者。如果你现在的收入和支出还没达到平衡的话，那么，当你的收入增加一倍的时候，还是会有同样的状况出现的。

也许这个时候你会说，这还不简单，女人嘛，要太多的钱也没什么用，既然非要有结余的话，那就存钱好了。更有甚者会选择一年储蓄一次，就是到了年底，把需要储蓄的金额一次都存放到银行里去。这就是不现实的了。假使你的月收入是8000元的话，储蓄百分之十，就是每个月800元。但是如果选择把一年收入的百分之十存起来，也就是到年底的时候，至少要有两万元的余款。可是对于消费难有节制的女性们来说，这样的收入年结余两万是很难做到的，这反而会造成更大的存钱心理压力。

所以，养成良好的储蓄习惯就是必须实行的理财第一步了。也许你当前的收入并不高，但是如果每个月都能把固定的金额拿出来存到银行里，这样一来，即使不会大富，起码可以为自己积累小部分的固定资产。也许你觉得，女人在年轻的时候就应该善待自己，你吃最好的食物，穿最讲究的衣服，甚至享受艺术和娱乐给你带来的休闲乐趣，只是付钱给别人，不"付钱"给自己，那到你没钱可付的时候，可不会有别的什么人给你买单的，对于这一点你必须要有清醒的认识。

良好的储蓄习惯为你带来的是你的投资原始资金，利用这些资金你可以逐渐扩大自己的投资范围和项目，从而进行更好的理财投资就不再是天方夜谭了。

储蓄固然重要，对于没有理财观念而且收入又少的女性来说，学会记账也是必须要学习的。一名大学生曾经说过这样一段话："刚来大学的时候我开始记账，理财也是头头是道的，理财虽然看起来会让生活缺少乐趣，可是却能够让你的生活变得有条不紊，没有过多的浪费，甚至可以为自己节省不少资金。"

的确，良好的记账习惯可以让你随时审视自己的消费习惯，坚持

第二课
——一辈子做理财女王
能赚钱是优势，会理财是本事

好的，改掉坏的。再者，你可以培养自己喜欢的记账方式，在记账中寻找乐趣，自然可以把精打细算和快乐生活联系在一起。

当然，要想真正做到精打细算真的不容易，这需要长时间的修炼，才能达到其真谛，在精打细算中做好日常理财，为今后的投资做好准备。

在理财的过程中，总有一些是日常开支的部分，这部分包括房租、水电、煤气、保险、视频、交通费和其他与日常生活有关系的开支，这些是每个月都不可避免的。根据你自己的收入，在实施储蓄计划的时候，建立一个账户，拿出固定的金额来负担自己的日常生活开销。

甚至，生活中也难免会有一些大型的开支，对于已经结婚的女性更是如此，无论是冰箱、彩电还是家具等大件，还是房屋装修等大笔开支，都是一种投资。最好把自己的收入和丈夫收入总和的20%左右用来应对这部分的开支，当然这个比例可以灵活安排，在用不到的时候，还可以用做灵活的储蓄，以备不时之需。

年轻的女性无疑会对新鲜的现代生活充满兴趣，这样就难免会有一些用于文化娱乐方面的开支。这部分主要是体育、娱乐和文化等方面，比如旅游、看书、听音乐会、看比赛等等，在竞争激烈的现代社会，女性的压力尤其大，这部分的开支可以放松自己的心情，品味生活，提高自己的生活质量。因此这部分开支不能太少，可以规划在固定收入的10%左右作为预算。

由此可见，理财项目的投资并不是高收入群体的专利，为了实现自己拥有除工资之外的收入，那理财项目的投资就是不能少的一个部分了，特别是对于独立的没有结婚的女性来说，能积攒属于自己的资产并不什么坏事。债券、储蓄等风险较小的项目，或者基金、股票等风险较大的项目，甚至收藏等需要专业知识的投资，都是不错的选择。

理财宝典

你的收入可以微薄，但是你的生活却不能不精打细算，不管是开源节流还是扩大资本都要为自己的理财做一个计划，理财路上，开始时候的精打细算是必经的过程。

理财路上，思路决定出路

女人在理财路上起初都是盲目的，这就是没有思路使然。现代经济突飞猛进，人们的生活虽然都得到大幅度的提高，但是同时也出现了较大的贫富差距，而且这种差距也有越拉越大的趋势。

为什么会出现这样的情况呢？有的人轻轻松松就能赚到钱，越来越富有，有的人却不管怎么努力地工作，到头来都是结余不多的结果。这其中最有可能的一个原因就是思路不正确。中国采取"按劳分配为主体，多种分配方式并存"的分配方式，意思就是除了劳动以外的其他方式也能够获得报酬。往往很多人明白前半句话的意思，但是对后半句就没有深入分析。所以有的时候勤劳能够致富，有的时候却未必能够如愿。

可以说勤劳是致富的基础，但是思路是致富的灵魂，脑袋空空的话，钱袋也是空空的。

北大的才女李莹，了解她的人都禁不住感叹，老天爷对她实在太过垂青，一个女人想要拥有的她几乎全都拥有了：她曾是北京大学有名的才女"校花"；23 岁开始做汽车贸易生意，三年内就赚了 1000 万元；她被评为"北京十大杰出青年"、"中国经济女性杰出贡献人物"，曾经被一些媒体评为"亚洲最有时尚魅力女人"。

也许你会为她的幸运感叹，但是李莹自己却说，她之所以会拥有现在的一切，完全是因为她善于发现机会、创造机会、把握机会，说白了就是有思路，同时注意自身的修养，不断地充实自己。

1992 年大学毕业的时候，一大堆的机会摆在了李莹的面前，她学的是日本文学专业，同学们都认为日本企业是最好的去处，但是她并不这么认为，她觉得一个中国人在日资企业里是很难做到非常高的位置的，没有太多的上升空间。李莹好强的个性和喜欢标新立异的性格选择了下海自主创业这条路。

创业不久，有一份医疗器械和烟草的生意摆在了面前，最大的困难就是她对医疗器械和烟草根本就是一无所知，看医疗器械的说明书简直就像看天书，当时在这一个行业的人际关系也是两眼一抹黑。但是这并没有让她退却，她请人来把说明书翻译成中文，然后硬着头皮跑医院，阜外医院的一名管理人员告诉李莹："这个行业竞争激烈，来找我们的人很多，但是我很欣赏你的率真和热情，给你个建议吧：3 月份北京有个会，全国会有 150 多名外科医生参加，你不妨去。"李莹抓住了这个机会，去参加了那次会议，结识了很多医疗器械专家，销售大门由此打开。

刚刚毕业的李莹也不是腰缠万贯的富翁，她的财富是经过自己的辛苦打拼得到的，理财路上，如果没有勇气和毅力，没有好的思路，她的第一笔生意是很难做成的，可见，思路决定出路，好的思路会帮你找到最好的理财方式。

随着社会的发展，贫富的差距是必然出现的一个阶段。时代发展，社会变革，人的思想必须更新，才不至于被别人抛在后面。早年靠出卖劳力致富的年代已经过去了，整合自己拥有的资源，开发新的资源，加之科学合理的资本运作，高效益的投资理财已经成为新时代致富的好方法。

作为新时期的女人，把自己的体力、脑力、知识、技术、经验、资金和人际网络等资源有机地整合并善加利用，把它们投资在自己资金的增长上，那么你的投资理财会在短时间内产生巨大的经济效益。

在现代社会，艰苦奋斗、勤劳节俭可以说是你致富路上的基础，但却不是全部，不管你是职场女白领，企业女老板，还是啃老族，前两者是有穷富差别的。穷的那部分人没有发现自身存在的资源，没能合理评估自身的资源，再者自己本身也不是高明的理财者，不能把自己的有效资源进行整合。要么就是看不清社会发展的形式，没有正确的理财思想。

因此，要想通过理财使自己的腰包鼓起来，这样的思想和坏习惯都要摈除，积极地去发现自己的长处，特别是能够用于理财的资源等。

就拿现在的物价来说，物价上涨，对于手里有部分资金的人来说，决策用于投资，还是用于储蓄就是一件很困难的事。现在物价上涨率已大于社会平均利率，储蓄只会让现有财富贬值。而投资却找不到更高投资回报率的项目。如果投资回报率低于物价增长率，即使投资为零风险，结果也是财富贬值。

当然，我们也不难发现在任何时期都会有一个行业成为主流经济行业。任何一个时期整个社会都会有部分资本在产生最大的经济效益，反映出较高的投资回报。当前房地产经济就充当了这一角色。房子不再是单一的居住场所，还是个人财富、资本积累的实体，本身有价值，还会产生更多价值。投资房产则是将资本投入高回报率的项目。这就是理财思路的转换。

第二课　一辈子做理财女王——能赚钱是优势，会理财是本事我们在这里以房地产作为例证，并不是让女性朋友们把自己的全部积蓄都用于投资房地产，只是举一个例子。女人理财就是为了让自己的生活更好一点，更有保障一点，但是能不能做到这一点，思路是很重要的。有的人善于在自己的理财实践中总结，善于掌握新的理财方法，因此也比较容易让自己的钱袋子鼓起来。反观那些沿用旧的方式来理财的人则常常会与财富失之交臂。

　　如果你的收入不高，或者生活中有经常用到钱的地方，那就最好选择短期的理财产品，这类的产品在流动性和安全性方面较好，比你原来把钱存在活期账户上能产生更大的收益。对于确实在一段时间内不用钱的人来说，可以关注那些回报时间比较长的产品，这些产品一般都是有固定收益的产品，可以和定期存款的收益相媲美。

理财宝典

　　根据自己的实际情况和社会经济的变换随时改变自己的理财思路，不会让你一条路走到黑，撞到了南墙，损失惨重，正所谓思路决定你最后的出路。

把理财作为一种生活方式

　　女人在现代社会中有了越来越大的压力，特别是工薪阶层的女性，面临教育、医疗、工作、养老、购房等压力，因此更不能缺少理财来帮助自己增长财富来减少压力。因此，养成良好的理财习惯，把理财当做自己的生活方式就非常重要了。

也许有人会说，钱就是用来消费的，不是用来收藏也不是用来欣赏的，只有用来消费才能体现金钱的价值。但，为了让自己的消费自由度更大，那最好的办法就是让自己的钱滚动起来，使自己钱的增值速度超过你的支出，这样你的生活就会进入良性状态。

相反，那些为了理财而理财，舍不得消费，宁可降低自己的生活质量来省钱，那样的理财是痛苦的，金钱没有给自己带来愉悦，相反还带来了压力，使自身沦为了金钱的奴隶。这样就失去了理财的真正意义。但是把理财养成自己的一种生活方式就完全不同了，理财成为你生活中的一部分，融入到你的正常生活中。

以前看到过一个文章，讲国外孩子的理财教育是从三岁就开始的。越早了解理财，就越容易具备驾驭金钱的能力。我一个朋友对女儿理财观念的培养也是从小时候就有意识地进行引导，今年，她给女儿买了一本《小狗钱钱》，通过阅读，女儿的理财意识有了更高层次的提高。最近，她女儿还建立了自己的"金鹅"账户，拥有了自己的基金，并且养成了按照比例进行投资和消费的习惯。现在，这个孩子的基金平均收益已经超过了27%，暑假用于自己学习的钱都是她自己支付的。她自己甚至也有收支流水账，记录很是详细，至于定期检查自己的支出是否合理都是她从小就养成的习惯。

这位朋友的女儿的收入来源主要就是压岁钱、零花钱和成绩奖励。当她的金鹅账户的钱不够多的时候，就会渴望了解账户增长加快的方法。这样的理财方式会让她从小就明白，投资才是自己最佳的理财方式。

把理财作为自己的一种生活习惯，会给自己的快乐加分，因为这不仅会给自己带来收入的增加，而且还会增加自己的自豪感。当你把自己的精力投入到有意义的事情上去时，就会减少你在其他方面的精力支出。人的精力是有限的，难免会顾此失彼，特别是对于年轻人来说，天天沉迷于网络游戏，就是在荒废时间，网络很大、很广、很深，就像是大海一样，不熟悉水性的人严重的话恐怕就会有生命的危险，学坏很容易，倒不如把精力放在理财这件有意义的事情上。

做生意是一种生活方式，读书写作也是一种生活方式，放空旅行也是一种生活方式，还有养花、养鱼、赌博，甚至吸毒都是一种生活方式。一件事，如果成为了你的生活方式，就会成为你生命的一部分，你无法或者很难再放弃。与其让一件没有意义的，会给自己带来消极影响的事情成为自己的生活方式，倒不如形成一个好的生活方式。

理财就是一件可以作为一种生活方式的事情，理财不仅会给你带来资产的增值，还会让你的生活甚至生命更有价值。就像是很多成功的企业家，虽然他们的资产上亿，钱对他们来说更多的时候只是一个数字，为什么他们还在不停地研究赚钱？为什么要继续把自己的企业做大做强？很可能，他们仅仅是在享受赚钱的过程，赚更多的钱只是用来证明自己的能力，实现自己的生命价值。说得简单一点就是把赚钱当作一种乐趣。

如果普通人把理财当做一种生活方式，让其成为你生活必不可少的一部分，当你能把理财当作最大的享受的时候，你就会乐此不疲，快乐理财，快乐生活。

打个小比方，现在，谈起当前的股市、楼市的时候，很多人都感觉深套其间，悲鸣不已，谈到未来的经济趋势，更是会有风声鹤唳的悲哀，但是有一些人却并非如此，虽然他们的损失很大，却淡然处之。很显然，后者是把投资理财当作一种生活方式，即使暂时失利，甚至在失败面前，也表现得从容自若，淡定镇静。

所谓的生活方式，并没有多么神秘，只是一种人生爱好的选择。

如果你是一名拥有固定工作和收入的职场女性，不妨炒股买楼，把这个当作一种生活的方式，这样就会收到理财和爱好两全其美的结果，既获得了理财的好处，实现了财富的增长，又满足了自己的爱好。这是因为你把理财当作自己的爱好的话，就会情不自禁地投身于此，陶醉于此，你就会对所投资的理财产品有更深入的了解，更能获得投资理财的成果。

这就好像你爱好古玩字画的话，你钟情于此，肯定会下工夫去钻研，学会辨别真假，领悟其中的内涵、认识其价值等等。而且，最近几年，古玩书画市场上价格飙升，如果你爱好收藏，并且投资其间的话，那么你肯定会回报匪浅。

现今，我们已进入一个资本横溢的时代，可以说资本是无处不在的，生活在这个时代的你，根本不能规避理财二字。只要你是认真对待生活的人，就更不可能回避理财，小到寻常生活中的柴米酱醋的支出，大到汽车房产的购置，都需要自己进行理财分析。就拿现在银行里的琳琅满目的投资产品来说，你就需要作出选择：投资哪类产品收益最高？如果你将步入婚姻的殿堂，你必须要选购一套适合你的住宅，什么时候购买？购买哪一个地段？什么户型最划算？……一系列事情，都是需要好的理财习惯才能帮你做出理智的决定的。

理财宝典

刻意理财不如把理财当作一种兴趣，一种爱好，一种生活方式，让它渗透到你的生活中，你的理财之路会更加顺畅。

第二课

——一辈子做理财女王

能赚钱是优势，会理财是本事

聪明女人靠财商成就未来

无可否认，现代职场女性面临着比男性更大的压力，主要原因是因为靠固定工资过活的女人，生活除了基本的保障，很难能够满足自己的额外欲望，特别是消费上的欲望。

何艳芳是武汉逸飞文化传播公司总经理、美国国际教育基金会中国地区负责人。

何艳芳是个爱折腾的女人。她说，我无法忍受一成不变的生活，从十几岁开始到现在，我一直在变化，不停地寻找新的人生机会。

16岁高中毕业，何艳芳没考上国家统招的大学，"那时候才十六七岁啊，我就一边上全日制的自考班，一边兼职做汽车贸易，还经常去北京出差。当时一个大学毕业生月工资也才四五十元啊，我打工的月工资是100元。呵呵，这让我很有成就感。"

拿到自考大专文凭后，何艳芳进入当时的湖北省工艺美术公司，捧起了"铁饭碗"，但那种按部就班的公式化生活，令她窒息。3年后，她辞职了。当时刚刚成立的东湖开发区，让她看到了民营经济的曙光，她毫不犹豫地把自己的档案转入该区"人才交流中心"。"我兴冲冲地跑来跑去，盖了十几个章，盖到最后一个章的时候，我心里突然涌出一种悲壮感，从今以后，铁饭碗就变成泥饭碗了。"

在东湖开发区的一家民营企业打了一段时间工，何艳芳便炒掉老板，自己开公司当老板了，那年她24岁。

后来，何艳芳又不断地"折腾"：去广告公司打过工，然后又炒掉老板，自己开广告公司。后来，还做过影视发行、外贸……她善于"偷艺"。每一次给别人打工的过程，就是她有意识学习别人做生意的过程，将生意门道摸得清清楚楚后，便大胆地自立门户单干。

她在积累财富的同时，更多的是在积累"财商"。

1997 年，她开了一家大药店，当时药品零售业才刚刚开始松动，这一次，她又赶在潮头。十多年来，她的药店成为武汉市规模最大、药品最全的药店之一。

可以说，何艳芳的成功就是不拘泥于固定的工作和固定的工资，而是敢闯敢想敢干，积累财商，成就了现在的事业辉煌。

作为一个女人，要顾及自己的工作，顾及丈夫儿子，顾及父母，顾及家庭和谐，要占用精力的地方很多，但一个人的精力总是有限的，对于一个女人来说，有限的精力对于其人生目标而言是弥足珍贵的，女人们需要特别集中精力，全力以赴去攻克既定的目标。同样的道理，如果女人能够集中自己的精力，就能够把自身的财商潜能激发出来，这样攻克自己的致富目标就轻而易举，至少没有你想象的那么难了。

现在，金钱可以说是一个十分敏感的话题，即使是具有高薪的女性管理人员在面对这个问题的时候，也会选择避而不谈，一提到钱就惊慌失措。甚至有的女性根本不愿意透露她们的薪水，究其原因就是她们担心自己的朋友和家人知道后会用和从前不一样的眼光来看她们。有的女性还会坦白，自己的高薪带给她不少麻烦，虽然赚了很多的钱，却发现自己并不快乐，因为周围人各种各样的言论会让自己感到非常尴尬。

但是，你不能不承认女性自己挣钱，甚至是自己创业挣钱都能够为自己带来很大的成就感。女人就应该喜欢赚钱，谈到钱并不是什么让人难为情的事情，我们可以不把挣钱得多少作为衡量女性成功的尺度，报酬只是成功的一方面因素，但是不可否认的是，大多数女性是渴望成功的。

另一方面，当我们面对理财产品时又会感到相当困惑，当那些来自银行、理财公司的电话推介给你种种生财之道的时候，你自己就觉得自己是缺乏财经头脑的那种，那面对对方头头是道的和各个不同的理财方略，难免会不知所措。

因此，不管是炒股还是做生意都能表现出女人的财商，何时买进何时卖出，选择哪支股票等问题，如果不拥有一定的财商，是没有办法在瞬息万变的股票市场绝处逢生的。

理财宝典

省钱，生钱，在理财之路上，都是女人必学的方法，财商指数高，两方面都能够参透其要旨，理财也就是小菜一碟了。

人脉就是财脉

戴尔·卡耐基曾经说过，"专业知识在一个人成功的作用只占15%，而其余的85%则取决于人际关系。"无论是男人还是女人，特别对女人而言，事业的成功80%归因于和别人相处，20%才是来自于自己的心灵。人类是群居动物，人的成功只能来自于他所处的人群及所在的社会，只有在社会中游刃有余、八面玲珑，女人才能为自己事业的成功开拓宽广的道路，如果没有非凡的交际能力，就免不了处处碰壁。说得简单一些，就是一个铁血定律：人脉就是钱脉。

美国前总统西奥多·罗斯福曾说过，成功的第一要素是要懂得人际关系。的确如此，在美国，曾有人向2000多位雇主做过这样一个问卷调查："请查阅贵公司最近解雇的三名员工的资料，然后回答：解雇的理由是什么？"结果无论是什么地区、无论是什么行业的雇主，三分之二的答复都是："他们是因为不会与别人相处而被解雇的。"

很多成功女性都认识到了人脉资源对自己事业成功的重要性。曾经任美国某大铁路公司总裁的Ａ·Ｈ·史密斯曾经说过，铁路的95%是人，5%是铁。所以说，无论你现在是什么职业，是刚步入职场的新新女性还是自己创业的女强人，只要学会了处理人际关系，你就在成功的路上走了85%的路程。

所以，在现代社会，要想成功，就一定要营造一个适于成功的人际关系，包括家庭关系和工作关系。中国有句古话，叫做"家和万事兴"。你和自己丈夫的关系如何，决定了你和子女的关系，而家庭关系给我们与别人的关系定下一样的模式，我们和自己的闺蜜，和自己的同事，和自己的上司，或者和自己的雇员，这些关系都是我们事业成败的重要关系。一个没有良好人际关系的女人，即使受到了再好的教育，学到再多的知识，甚至掌握了男人都没有掌握的技能，那也是得不到好的施展空间的。

美国某商业公司就曾做过领导能力的调查，结果显示：

（1）管理人员的时间平均有四分之三花在了处理人际关系上。

（2）大部分公司的最大的开支用在了人力资源上。

（3）管理的所定计划能不能执行以及执行的效果如何，关键在于人。

第二课

一辈子做理财女王

能赚钱是优势，会理财是本事

不难看出，公司最大的、最重要的财富就是人。女性也不例外，特别是创业的女人，人脉资源就更为重要了，如果你想成为女强人，获得个人事业的成功，就要尽早建立自己的人脉资源。如果你的人脉上有达官贵人，下有平民百姓，而且，当你有喜乐尊荣的时候，有的人会为你摇旗呐喊，鼓掌喝彩；当你有事需要帮忙的时候，有人会为你铺石开璐，两肋插刀，到那个时候，你就会感到人脉的力量。

人脉这种东西，或许你拥有它，用不到的时候不会觉得它的好处，但是人脉资源就是这样一种无形的资产，它是你的一种潜在的财富。也许你有很扎实的专业知识，是个优雅的女子，甚至有着比男人更雄辩的口才，但是却不见得能够成功地促成一次商谈。但是，如果能有一位关键人物协助你的话，结果就会大不相同，他为你开开金口，相信你的出击一定会事半功倍，很有可能取得完胜。

作为以柔弱为特征的女性，人脉资源越丰富，赚钱的门路也就更多。女人的人脉档次越高，钱也就来得越快、越多。即使现在你只是一个职场女性，暂时也没有开创自己事业的打算，你大概会经常想这样的问题："如果我能够有足够的关系，一定可以更加顺利地完成这件工作"、"如果和那位关键性的人物能够牵扯上一点关系的话，做起事来可就方便多了"等等。事实的确如此，只要我们不畏惧自己女性的身份，只要我们和那些关键人物有所联系，当有事情拜托他们或者和他们商量什么的时候，肯定能够得到很好的回应。

所以，纵使你只是一个初入职场的女性，还没有在工作中积累什么经验，也要始终记住，你在公司工作最大的收获并不是你赚了多少钱，积累了多少经验，而是你通过这次工作的机会认识了多少人，结识了多少朋友，积累了多少人脉资源。

这种慢慢积累起来的人脉资源，不仅在你工作的时候有用，即使今后你离开了公司，或者自己创业，还会起很大的作用，会成为你创业的重大资产，起码你在创业遇到困难的时候，你会知道遇到什么问题，该打电话给谁。

那么，对于广大女性朋友而言，如何扩大自己的人脉就是需要考虑的关键问题了。

首先，在工作中间那些能为我们提供情报、解决困难的人，我们可以把这些人称为"情报提供者"。实际上，女人在结交朋友上还是有很多优势的，这种情报员类的人脉主要是从事记者、杂志和书籍的编辑、广告和公关工作，这类人经常能为我们提供宝贵的意见。

其次，能够为我们的工作方式和生活态度提供有益意见的人，这类人一般是女性的闺蜜或者是在某个行业内的第一人，可以帮我们分析自己的工作和生活是不是出现了什么问题，及时解决问题，不偏离人生的轨道。

再次，就是那些和自己的工作没有什么直接关系的人，这些人通常是我们在参加研讨会、同乡会和各种社团认识的，有些也是"酒友"，这种人虽然有的只是几面之缘，但是关键时刻还是能够派上用场的。

理财宝典

女人创业成功或者在自己的职场上成功，甚至是在资产理财上的成功，不是单纯靠自己的才华和智慧能够达到的，好的人脉关系能为女人省去很多麻烦。

第二课 一辈子做理财女王
能赚钱是优势，会理财是本事

投资理财，女人天生是行家

虽然现在无论是在政治、经济还是其他领域，男人都占据着主导地位，但是不得不说，存在着这样一个普遍的现象，女人在家庭理财决策上远远比男人要更明智。

在中国社会上有一个典型的例子就是，几乎所有的准新娘都要求心上人准备新房，结果，大多数情况下，这种看似苛刻的条件不仅提高了家庭生活的水准，而且在不经意中帮助丈夫作了一次成功的"投资"。其实这样的例子实在太多，这是个十分有趣的现象，之所以没有引起注意，恐怕是人们没有深入研究罢了。

理财能给女人带来很多好处，关于理财，女人在没有了解具体的操作步骤之前，是一个完全陌生的领域，很多女人对此是没有什么好感的，都会有一种本能的心理排斥，这是无可厚非的。但是，女人天生就细心，天生就比男人有更强的心理承受能力。女人的财产要靠自己打理，不理财的话，你就得看别人财源滚滚，自己却愁于生计。

事实上，理财并没有很多人想象的那么困难，只是对自己的财产做一个合理的安排，这又怎么会难倒冰雪聪明的女人呢？这里，不得不说的是和男人相比，女人更有理财的天赋。

首先，女人比男人更会精打细算。和男人的粗枝大叶相比较，女人们精打细算的优势更容易凸现出来。女人本身就心思细腻，所以很容易从生活的各个方面发现省钱和生钱的诀窍。女人在购物的时候往往会货比三家，选择性价比更高的商品是女人的强项。而且，多年的

"血拼"砍价经验也能够为女人省下不少的银子，这一点肯定是男人无法比拟的。

还有一点，虽然一部分女人在上学的时候对数学极不感冒，甚至是成绩超差。但是到了个人消费上，小算盘照样是打得叮当响，不管这种算计的能力被男人们定义为"精明"还是"小气"，都不得不说这是女人的一种理财天赋，非常值得女人们继续坚持并且"发扬光大"。

其次，女人在投资的时候比男人更加谨慎。和男人天生的自信相比，特别是在金融投资的时候，女人会更加谨慎小心一些。可能很多人觉得这是女人天生的一种胆小的表现，太过于谨小慎微的话是赚不到什么大钱的。但是实际上，事实并非如此，特别是在投资的领域，有时候还是非常需要"胆小"一些的。

正是因为女人的"胆小"，才使得女人不会把自己手上的股票或者基金轻易脱手，对于新鲜的投资项目也会抱着非常谨慎的态度，这样的话，就会无形中降低自己的投资风险，也会为自己的投资节省资本。所以，女人的胆小和相对比较保守的投资方式会比男人的自信和频繁地进行投资或者更换理财产品带来更多的收益。

再次，女人在耐心上比男人要好。男人在理财上常常表现出来的一个缺点就是比较浮躁，女人则不会像男人一样容易轻易地改变方向。在理财产品的坚守上，女人更加能够守住，一旦做出了选择就不会轻易更改，其实这是和女人的感情专一相类似的。

女人之所以如此，是和女人的性格有很大的关系，女人因为自身缺乏安全感，所以一旦做出选择，就不会轻易改变。西方的一项调查也显示：女人理财的收益更高。原因就是女人不愿意在自己做出选择之后轻易改变，这样一来的话，更容易做好长线交易，正所谓"放长线钓大鱼"。鉴于此，女人更有耐心一点是能够给理财带来好处的。

最后，女人拥有超强的第六感。所谓的第六感实际上就是女人的直觉，虽然女人在理性上稍逊于男人，但是女人的直觉很多时候确实是比男人的判断要准确。往往女人的直觉会让人觉得可怕，那是因为女人的直觉大多时候会准到让人目瞪口呆。至于这其中的道理是连女人自己也说不清楚的。

这一点用在理财投资上就是女人常常会跟着自己的"感觉"走，这样常常能赚到钱，因为女人天生就比男人要敏感，思维的敏锐和超强的跳跃性很轻易就能抓到投资气息的变化，由此抓住赚钱的机会自然也就算不上是什么意外之举了。

从这几个方面来看，女人在理财上有着男人望尘莫及的独特优势，这种优势是男人无法超越的，所以女人完全没有必要把自己或者家庭的财政大权都拱手交给男人，只要用心去做，理财不是男人的专利，实际操作起来也没有你想象的那么困难。

理财宝典

女人天生的优势使得自己有着比男人更优秀的理财能力，只要好好利用这种优势，自己的理财之路自然会非常顺畅。

第三课
能挣钱更会花钱

——聪明消费，花小钱过优质生活

挣钱是本事，花钱则需要智慧。聪明地消费，把钱花到点子上，是女性朋友的看家本领。会花钱的女人，能够让手头有限的资金发挥到极致，过上舒心、优质的生活。这种能力最让人艳羡。

乱花钱让你倾家荡产

不知从何时起，在时尚女性中出现这样一些人，她们热衷于超前消费，对于所购买的商品只选贵的不选对的，她们喜欢什么就会马上去买，根本不在乎钱财。我们把这群人称为"月光族"。然而，作为一个理性的、成熟的都市丽人，不应该有"月光族"的消费态度。

今天，我们已经步入经济迅速发展的商业时代，在解决了温饱问题之后开始注重精神需求方面的满足。高雅的音乐会、有情调的咖啡馆无时无刻不在吸引着时尚女性消费，经常光顾这些地方你就会发现，自己不知不觉中已经步入了"月光族"的行列。

显然，如果不根据实际的物质条件消费，而超出了自身经济实力，会让我们处处捉襟见肘，这不是一个成熟的、理性的都市女性应该有的消费理念。因此，学会理财，善于理财，并掌握女性理财的方法，在生活中正确分管自己的财富，才能够拥有幸福、快乐的人生，才能够拥有优裕的生活。那么，在生活中，如何远离乱花钱的漩涡呢？

首先，要树立正确的理财观。

虽然挣钱是为了花钱，是为了让生活更有品质，但是当现实出现入不敷出时，用什么来保证我们的生活质量呢？俗话说，赚钱是技术，花钱是艺术，赚钱决定着你的物质生活，而花钱则往往决定着你的精神生活。会花钱的女人更能从花钱中感受到生活的乐趣，从而更能感受到赚钱是一项有意义和快乐的事情。

理财的正确观念是：爱钱、花钱，但不能做钱的奴隶。我们还要找到适合自己的、与自己实际情况相符的理财方法，从而避免受金钱

第三课
——能挣钱更会花钱
聪明消费，花小钱过优质生活

的支配。俗话说：会挣钱的不如会花钱的。通过掌握一定的理财技巧，来改善个人或者家庭的生活水平，从而使我们享有宽裕的生活能力，有更多的能力来应对生活可能会出现的突发事件，不至于因为乱花钱而倾家荡产。

其次，掌握必要的理财技巧。

网上流行这样一种月收入分配方法：无论你的月收入多少，记得分成六份：第一份，用来做生活费；第二份，用来交朋友；第三份，用来感恩，每月给父母送一份礼物；第四份，用来学习，每个月买一本好书读；第五份，用来投资，培养自己的财富意识；第六份，用来储蓄，稳存保底。这其实就是理财之道，这不仅会使女性的生活变得有质量、有滋味，同时一定的投资与储蓄也能给生活增添更多的保障。

想想，当你拿到第一份工资时，如何安排它呢？许多人认为，一个月就那么点工资，交了房租、水电费基本上就所剩无几了，哪里还有闲钱来理财呀。其实，越是这样越需要理财，否则，对自己的财富没有规划，就会很容易让自己陷入财政危险尴尬的局面，"月光族"、"欠债小负婆"的泛滥就是最好的证明。

下面就为大家提供一些具体的理财方法，希望每一位女士都能够从中得到启发，并形成自己独一无二的理财技巧：

（1）有财务自由的思想

作为新时代的女性，要有一定的经济基础，要自食其力，并且在自己的能力范围内，创造更多的财富。同时，还要通过不断地学习新知识，勤奋工作，来增长自己的财富。我们通常所说的"能挣会花"，就是要获得财务自由，而不是成为男人的附庸品。

（2）制定合理的理财目标

这个目标可以分为短期目标和长期目标，而且这个目标制定的越详细越好。这其中最关键的一个步骤是——坚持记账，要明确自己每天的消费情况，这样不仅能够让自己养成节俭的习惯，清楚每一笔钱都是怎么花的，对家庭的收支情况了然于心。同时，对一个月、一个季度、一年的账目进行总结，看看是否有不理性消费的地方，明确还有哪些方面需要改进，继而再做出下一个阶段的计划，这样就会使自己的消费更加合理。

（3）把节俭进行到底

很多时候，女性可以减少一些不必要的消费，这种节省策略其实就是另一种方式的理财。比如：经常锻炼，保持身体健康，这样少生病，就减少了去医院的次数；把吃饭的地点从各类高级餐厅改到家里，虽然少了浪漫情调，但是也可以收获自我动手的乐趣，享受了家的温暖，同时也能够保持食物的干净卫生，这样两全其美的方式，何乐而不为。

（4）养成强制储蓄的习惯

今天，许多年轻女性奉行超前消费，用明天的钱去还今天的债。还有的人大量使用信用卡，超出了自己的财务能力范围，结果存在透支严重的现象。作为追求品质生活的女性朋友，尤其是那些还没有组建家庭的女性，需要进行强制储蓄，每月发薪后将其中的一部分存入银行，并且丝毫不打这笔钱的主意，这样坚持下去，就会有一笔可观的资金。

理财宝典

当下，超前消费在女性朋友中日益盛行，并且有愈演愈烈的趋势，用明天的钱来还今天的债，使用信用卡透支严重。财物安全对个人生活影响极大，拒绝乱花钱，制定合理的理财计划，会让我们享有更多的自由和幸福。

第三课
——能挣钱更会花钱
聪明消费，花小钱过优质生活

货比三家永远不会错

在消费过程中，女性朋友经常会遇到这样的情况：一件相中的商品，是买呢还是不买呢，是在这家买呢还是在那家买呢，要是碰到价格较高的商品就更加犹豫不决了。这时，女性通常不会很痛快地买单，俗话说："货比三家不吃亏，货比三家少吃亏，货比三家吃不了亏"，这是中国人流传了几千年的传统文化，也是最简单的权衡量化标准，目的就在于得到物有所值或者更高性价比的产品和服务。

通常所说的"货比三家"，实际上比的就是价格、质量和服务。女性在购物过程中只要好好把握住这三点，就能选到称心如意的商品。

然而事实上并非如此。很多女人热衷于购物，在海量的商品面前基本没有抵抗力。一部分都市白领在周末或者节假日叫上几个比较要好的女性朋友，一起去商店血拼，心情好要去商店，心情不好更要去商店通过购物来发泄情绪。毋庸置疑，购物的确会让人冲动，这种冲动又大部分体现在女性身上，有时冲动里又存有一种莫名的兴奋。

事实上，女人通过购物来满足自己的欲望，这无可厚非，问题是，当女性朋友把商品买回家之后就会发现，大部分商品都是一时冲动下的结果，虽然当时痛快了，事后却懊悔不已，相信很多女性都有过相同的经历与感受。

这里就涉及到一个理性消费的问题，要想做到理性消费，女性就必须在购物时坚持"货比三家"的消费理念。

有人会说，仅仅为了一点价格的差价而去逛不同的商场，这样做岂不是很浪费时间，如果把这些时间用在创造更多的财富上，那样生活品质才能从根本上得到提高。这当然也有一定的道理，但有这种思想的女性毕竟是少数，大部分女性都是靠精打细算来过日子的，她们需要通过货比三家来节省一部分钱，当然也不能排除很多女性本身就热衷于在货比三家中找乐趣，她们穿梭于不同的商场，去更多的观察生活，了解市场，享受乐趣。

既然明确了"货比三家"的重要性，那么在现实生活具体的购物中，我们应该如何去操作呢？

（1）做成熟的网络消费女王

今天，通过网络购物，女性朋友可以足不出户购买任何需要的商品。然而，网络的缺点之一就是只能看到一些商品的图片，却看不到商品实物。很多女性都有这样的经历，千等万等等来的商品，试用以后才知道有很多不满意的地方。再向店家反映情况后，如果同意重新发货，那也只能是自掏腰包把商品退回，此时网购的心情就大打折扣了，也会影响到以后的网购热情。为此，必须在浩如烟海的商品中进行货比三家，买到心仪的产品。

首先，不能因为贪图小便宜而吃了大亏。对于那些让人难以置信的超低价格，就应该果断舍弃，一分钱一分货，贵自然有它贵的道理，太便宜只能说明它的质量一定很次。很多女性在网络上购物并不是想得到质量低劣的便宜货，而是物有所值性价比较高的商品。

其次，即便在网络上消费，所秉承的消费观念也应该是，一件商品贵自然有它贵的道理，不管是它的质量好一些，还是它的售后更有保障一些，这些优势都要求我们付出额外的价值。如今，随着网络的盛行，人们热衷于在网上消费，这就使一些传统品牌开始在网络上建立自己的官方网站，事实也证明，同一款商品，官网上的售价确实比实体店中的便宜许多。同时两者相比，网络上有更多的促销活动，例如淘宝网在光棍节那天展开史无前例的大促销，实体店中对这个节日的敏感度就欠缺很多。

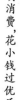

第三课

——能挣钱更会花钱

聪明消费，花小钱过优质生活

最后，在进行网络购物中，一定要有明确的目标商品，不要被网络上的各种商品迷惑了眼睛，一路下来，需要的东西没买到，不需要的却买了很多。同时由于网上交易是通过网上银行或者支付宝来完成的，这时的价格对于女性来说就是一个数字，银行账户的金额也是一个数字，而女性通常都是对数字不敏感的，不知不觉中，银行卡就被"洗劫一空"。网购并不进行现场的现金与商品的交换，因而有很多女性就会失去理性，克制不住自己的消费欲望。此时就需要女性朋友保持一个清醒、理性的头脑，通过货比三家，来挑选自己需要的商品。

（2）掌握第一手的产品价格行情

笔者偶尔浏览网页，留意到一个《货比三家》的栏目，该栏目是环首都新闻网本着"权威媒体，服务民生"的理念推出的，旨在通过对各个商场超市同种类商品价格的对比，使消费者能够足不出户地对各个商场超市的商品价格情况进行一定的了解，为广大网友提供翔实、准确、权威的物价信息，给网友们购物提供参考。该栏目的推出，为广大女性提供了一个货比三家的平台。

因此，在去实体商场或者超市购物的时候，应该做好充分的准备工作，通过网络发布的信息，了解当前商品价格，这样到实体店时不至于一抹黑。很多女性朋友还是很享受那份逛街的乐趣，享受那份收获的喜悦，此时如果有了之前充分的信息准备，再加上逛街的乐趣，女性朋友一定会有很大的收获。

理财宝典

货比三家，才会知道哪一家的货物价格公道、质量有保证、服务更周到，最后受益的是自己。需要注意的是，在比较之前应该有明确的购买目标，切不可在比较的过程中挑选多余的、不必要的商品，这种不理性、不明智的做法可能造成超额消费。

"拼客"，过省钱的生活

相信很多都市丽人对"拼客"这个词已经不再陌生，如今，"拼客"的生活方式已经像"微博"一样逐渐被人们接受并广泛流行。这是一种全新的消费方式，一群素不相识的人通过各种途径，为了一件共同想要完成的事情，自发的组织起来，这既实现了互惠共享，也结识了新朋友。

拼客们提倡的是一种"节约、时尚、快乐、共赢"的生活理念，他们具体的口号是"爱拼才会赢"。总之，不论人们参与到"拼客"生活中的目的是什么，但它所带来的利益就是"省钱"。

在网络上，拼客们所拼的对象可谓是名目繁多，几乎是只有你想不到的，没有不能拼的，拼车、拼房、拼卡、拼购、拼竞技等。拼客们利用网络的快捷来联系与自己志同道合的拼友，"拼客"更多的出现于新时代的年轻人，而作为都市白领目标在于追求更高的生活品质，同时又受到金钱的限制，因而"拼客"的生活在白领中也屡见不鲜。

（1）都市丽人在生活中是如何通过"拼"来让自己既省钱又享受生活的

◎拼购

拼购主要流行于女性当中，由于一些高级化妆品价格比较高，于是一些精明的白领就想出了"拼购"的对策。

北京市的周小姐就有过这样一次"拼"经历，在欧碧泉推出"买880赠6件套"的活动时，她和同事各自买了600元左右的商品，不仅得到了6件套的赠品，还得到了加送的书包。她说"如果我们两个人分开购买，就什么礼品也得不到了。"

◎拼玩

在贴吧石家庄吧里的有这样一条帖子——拼吃，拼玩，喜欢聚会的朋友请进！

"大家好，在石家庄市的朋友如果喜欢玩，喜欢购物的朋友可以加我们的群。我们在每个星期组织一场聚会，希望大家玩得开心，把工作和不开心的事，都忘记在脑后。"

◎拼吃

工作餐不好吃，一个人去馆子点一两个菜吃的也不尽兴，于是就找几个在附近上班的、有共同需求的三五个人，点几个菜，或者长期包餐，对个人来说只是花了一两样菜的价钱，却品尝了一桌子的菜，吃得高兴，也不会太贵。

正如不少拼网这样介绍自己的拼餐板块：尝尝鲜，又解馋，还省钱；大家一起搭个伙围个桌把想吃的菜尝个遍；吃一桌子的菜，只需花一道菜的钱！吃只烤全羊，只需付只羊腿的钱！

◎拼卡

现代白领中，谁钱包里没有几张卡，比如购物卡、健身卡、美容美体卡等，由于一些卡都有使用期限，通常情况下自己很难一个人在规定的期限里用完所规定的次数，这就是一种浪费。于是会理财的白领们就两个人或者多个人合办一张卡，这样既能够省钱，又可以充分发挥卡的价值。

◎拼车

在北京、上海等大城市中，越来越多的白领丽人加入了"拼车"的行列。在免去了挤公交之苦，以及让人头疼的堵车现象，最重要的一点就是拼车可以省掉很多的开销。因为有了"拼座打车"，可以让我们享受"专车"的待遇，舒适、经济、方便，同时花费还不会增加。这对城市环境保护也起到了很大的作用，因为拼车出行就会减少私家车上路的数量，这样就可以减少大量尾气的排放，缓解了交通压力，节约了宝贵的能源，方便自己，服务社会。

事实上，"拼"的种类五花八门：过年回家拼车、旅游寻拼、拼吃年夜饭、拼火车票、拼学习班、电玩拼玩，甚至还有拼婚、拼生日、拼事业、拼宠物等形式，只要在网络上找到自己的拼友，拼生活便开始了。

（2）很多人会把"拼客"与"AA制"等同起来，这种观点其实是不准确的

"AA制"通常被这样理解：各人平均分担所需费用，通常用于饮食聚会及旅游等场合。"AA制"至今还在欧美国家流行，这中间不仅有节约的意识，更多的体现的是西方特有的精神文化，那就是"为自己买单"。通过"AA制"可以培养人们潜意识中的责任感，培养独立的生活意识。

"拼客"与"AA制"之间存在相同点，都讲求在生活上提倡节约，同时在文化上的体现就是要真诚待人。然而，两者之间并不是完全等同的。"AA制"大多发生在比较熟悉的人中间，比如同学、朋友、同事，但是"拼客"往往发生在陌生人中间，在网上找到有相同需求的人，然后通过网络、电话等联系方式来达成共识。

（3）做"拼客"的好处

◎"拼客"拼出实惠

昂贵的商品价格对一个人来说可能是不能够承受的，但当由多个人来共同分担这个价格时，那么它的价格对于个人来说就能够接受了，而所享受到的服务并没有因此而减少。这就是"拼客"生活带给拼友们的实际利益，在减少花费的同时并没有降低自己的生活质量。

生活中，女性朋友更要经常参与到"拼客"的活动中去，巧妙地利用不同商家的促销优惠活动，找到志同道合的拼友，通过这种方式来降低消费成本，从而达到省钱的目的，过"拼客"生活确实是一个

很明智的理财方式。

Penny 经常上网购物，冬天了，她想买点"暖宝宝"，但一张"暖宝宝"才卖几毛钱，邮费却要 10 元。商家告知如果数量达 5 箱则可免邮费。于是 penny 在办公室发布了消息：招募购买"暖宝宝"的"拼客"。很快 5 箱就凑齐了。不到 3 天，大家都用最便宜的价格享受到了温暖。

◎"拼客"拼出新朋友

由于很多人都是在网络上寻找拼友，也就意味着跟我们一起拼消费的都是陌生人，是对消费有共同的需求才让我们联系起来，很多时候这个需求不是偶然发生的，它一定体现了一个人的消费习惯，于是有共同消费习惯的拼友走到一起，建立起长期的拼消费关系。在这样的拼生活的交往下，就建立了深厚的友谊关系。

理财宝典

爱"拼"才会赢，"拼客"生活已经逐渐融入到我们的生活，它所带来的好处是显而易见的，通过网络可以时刻关注到广大拼友的需求动态，找到与自己需求相符的拼友一起开始拼生活，这会让使消费过程中省下很多钱，只要我们正确地使用"拼客"的理财方式，常常会获得意想不到的收获。

打好团购牌与预定牌

在百度搜索引擎中输入"团购"，会看到各种各样的团购网站。比如：拉手网、窝窝团、美团、亲亲团、大众点评团，甚至在淘宝网上也有聚划算的团购版块。团购最吸引人的就是它较低的价格，以至于在都市时尚女性中见面第一句话已不再是"你今天吃了吗?"而是"今天你团了吗?"在团购的消费人群中又数年轻的都市女性为主，她们通过团购的形式使自己在经济收入不变的情况下，提高自己的生活质量。

顾名思义，团购就是团体购物，指认识或不认识的消费者联合起来，加大与商家的谈判能力，以求得最优价格的一种购物方式。在传统观念里，一件商品，当购买的数量越多，作为消费者就越有底气跟商家讨价还价，而事实上，除去批发商以及有特殊需求的人，普通消费者很少会对同一种商品有较大数量的需求。俗话说"团结就是力量"，当把这些有同样需求的消费者联合起来的时候，就可以理直气壮地对商家提出降低价格的要求。

通过网络女性朋友寻找各类团购信息，登录不同的团购网站，其目的就是希望能够通过网购的形式买到物美价廉的商品、享受全面的服务，也就是"花更少的钱办更多的事"。因而，在女性的理财观念里，必须牢牢树立团购的思想，在消费过程中，打好团购牌。

不可否认，每一个进行团购的女性都有着省钱的心理，具体到每个人又有不同的出发点。但无非两种情况，一种是有明确的消费需求，这些人希望在团购网上找到自己所需要的商品，另一种就是漫无目的地浏览团购网页，希望在团购网上找到吸引自己的商品，这类商品也许并不是女性当下最需要的，但还是会被它强大的价格优势所吸引。

一个事物的发展必然会有其优缺点。团购的优势自不必再赘述，但是作为一名成熟理性的都市丽人，需要正确对待团购自身所存在的缺点。

作为一种新兴的消费方式，目前网络团购还没有一个成熟的规则来规范它，因此，团购中的诈骗案频频发生。

网络团购中的一些建材、家具等行业的产品价格缺乏透明度，有的商家暗地里拉高标价再打折，这样作为消费者就会很被动。还有一些服装、化妆品等行业也存在暗中更改标价再打折的现象，他们利用的就是消费者匮乏的信息量，大部分人不可能对每件商品的价格都了如指掌，并且很少有人会去质疑它所给出的标价，这时就被它比较大的折扣蒙蔽了双眼。

此外，网络团购中还存在售后服务不完善的问题。网络团购毕竟只是出于某一特定目的而临时组织的松散团体，现实中，团购者交易成功后就分散了，售后一旦出现纠纷，往往难以再组织起来，这给消费者日后的维权行动带来了困难。

下面就团购中经常出现的问题，给女性朋友一些建议，希望广大女性从中获得帮助，从而能够在网络团购消费中更加理性、明智。

（1）尽量选择那些自己熟悉的品牌、店家

选择那些知名度、诚信度比较高的团购网站，这样就为自己省去了很多不必要的麻烦，因为团购网站良莠不齐，网站携款潜逃、团购商家关门的事情时有发生。女性朋友在下单前可以提前做一些调查，听听朋友的意见，看看网友的评论，还可以给商家打电话等方式予以了解清楚。

（2）网络上团购的信息量很大，女性一定要学会从中获取关键性的信息

针对团购有效期、营业时间、限用人数、是否有其他的使用局限或是其他的附加消费（有些餐饮店在周末时会有一定的额外消费）、预定时间等信息要做到充分了解。

大部分的团购网站都会提供客服电话，女性在消费前一定要牢记投诉电话，遇到任何问题可以随时拨打，请团购网站出面来解决问题。

（3）避免扎堆消费

如果团购人数超过3000，那就说明它是一个热门团购，说明很多人对该商品都有需求。比如"十一"黄金周期间，旅游景区附近酒店

的团购就很受欢迎，这时女性要做的就是提早预定，或者是更改旅游计划，错开高峰期，等"十一"过去之后再去入住。

打好团购牌，就能帮助女性朋友省下很多的开支，当然消费过程中，作为女性就需要将多种理财技巧综合运用。

接下来，我们就为广大女性介绍一下预定消费。让我们先来看这样一个案例：

北京的一位陈女士，在一家商店预定了3种墙纸，包括3个房间、1个客厅、4个房间的顶部，在付了定金2000元之后，因为装修方案更改，墙纸的需求也有所变化，只需要贴2个房间，其他都不贴了，然而在跟商家沟通时，商家说，陈女士所订的货都已经到齐了，即便只需要贴2个房间，但之前所订的墙纸的费用依旧要照付，在经过协商无果之下，陈女士只能无奈的接受了额外的费用。

在这里，我们强调消费中的预定环节。俗话说"人生在世，往往计划赶不上变化"，没有一成不变的事物，在某一个时间段，虽然给出了肯定的答复，但过了一段时间，只要发生事件的任何一个条件发生了变化，那么当初的计划就有可能落空，因此这就需要广大女性在做出预定结果之前一定要有充分的思考，在考虑了各个方面可能会发生的变化之后再做出预定。这样不但使我们能够享受到满意的服务，也会省去很多不必要的麻烦。

当然每个人都没有预知的本领，在做出预定之后又发生了突发事件后，一定要提早跟商家取得联系，双方相互沟通，看是否能够达成一个折中的方案，尽量减少一些不必要的损失。

理财宝典

无论是消费中的"团购牌"还是"预定牌"，都是利弊兼容的，女性朋友在消费的过程中，一定要尽量避开其不利的方面，掌握一些消费中的技巧，趋利避害，更多的让团购、预定的理财方法为我们达到省钱的目的。

将网购进行到底

有网购经历的女性肯定都有过各种各样的悲喜经历，这都是在网购过程中必然会出现的现象。事实上，不单单是在网购中，女性在现实生活中也经常出现这样那样的现象，即便在商场都已经试穿过的衣服，买回家后也会发现很多不合适、不满意的地方。比如，商场里灯光一般都比较柔和，女性在商场相中的颜色，阳光下就可能并不是很喜欢的颜色了。

但很多女性朋友都认同的是，同一件衣服，网络上的价钱确实会比实体店中的便宜很多，只要抓住时机，并掌握一些网购的技巧，就能够通过网购省下不少的财富，这对于女性来说实在是一个不错的购物选择。

这时一些女性朋友就会有疑问，为什么网络上的衣服都如此便宜？这就涉及到网络上卖家的销售方式，因为他们从厂家直接拿货，这就减少了人工、水电等一大部分成本。同时，卖家一般都是在自己家开网店，这就省去了房租，这就使同一件商品，网上的价格就会比专柜便宜很多。

拿 ONLY 举个例子，新款刚上架的时候，专卖店是绝不会打折的，但网上同款的新货一般却可以打到 7～8 折。在高级搜索里的"在店铺中搜索"中填入"ONLY"，勾选"在物品名称和描述中同时搜索"和

"仅搜索仓储式物品"两项，然后开始搜索，花费几分钟就能将经营ONLY品牌的几个网上大店铺淘出来了。喜爱的MM不妨用心定期浏览一下，几乎总能碰到与专柜同步上架却折扣的新货，这时候下手是很划算的。

虽然网上的衣服已经比专柜便宜很多，但卖家还是有很大利润的，这部分利润你能分享几成，就要靠你的绝佳口才和聪明才智的整体发挥了。如果临场表现出色，肯定还能省下不少的银子，只是需要你的脑力、体力和智力的综合配合才能成功。

很多情况下，如果一旦选定某个品牌，成为长期会员，还能享受一般买家享受不到的VIP会员优惠。比如生活中，女性的网购经历多了，就会有自己经常光顾的店铺，这家店铺吸引女性的不仅是中意它的服装风格，最重要的是，去的次数多了，买的衣服多了，在该这家店铺的消费多了，作为熟客，店主一般都会做出更大优惠。

再加上很多女性都比较擅长服装搭配，通过网购淘到物美价廉的服装，搭配上自己的风格，就会在街上收获较高的回头率，这样就会在有意无意中给店主拉来更多的客户。在这样的情况下，店主综合多方面考虑，肯定会有薄利多销的想法，以稍高于成本价的较低价位，卖给你不错的衣服。因此，作为一名时尚、理性的都市女性，应该尽量找到适合自己的固定店铺，时间一长，跟店家熟悉后，就可以享受到比一般顾客更多的优惠，就能省下不少开支。

还有一个技巧，那就是"把握时机，反季购衣"。因为无论是大卖场还是网上的商店，衣服在刚刚上架的时候价格都很贵，而且几乎没有折扣活动，但是在临近换季的时候，商家由于各种原因，通常都会在新装上架之前的半个月或是一个月时，采取打折的方式尽快把当季的商品卖出去，防止积压。但换季之前的这半个月或是一个月时间里，当季的衣服还可以穿一段时间，而且就算当季不能穿了，也可以从中寻找自己中意的商品，因为来年的这个季节还是可以穿的。

换季时，不论是大卖场还是网店都有较大幅度的折扣，很让人心动。所以有购物打算但又不是很着急的女性朋友，可以尝试在商品刚刚上架时，留心自己中意的商品，等待时机，在换季的时候，以最快的速度、最便宜的价格买到自己心仪的商品。

理财宝典

如今，网购这种消费方式越来越快地深入到女性生活中，尤其是对于生活在北京、上海等大都市的白领女性，大型商场里标签上那数不清的零常常让人望而却步，于是网购成为很多女性的首选。只要找到自己得心应手的网购方法，将网购进行到底，就一定能为理财生活增色不少。

控制不必要的开支

作为都市女性，会受到不同方面的压力，首先是工作压力，其次是经济压力，再就是健康问题。有压力就要释放，如今，有人通过去夜店排解自己的忧愁；有人通过暴饮暴食去缓解；有人去健身房通过大量出汗来排解心中郁结；有人则会选择去商场血拼来让自己得到片刻的安慰。然而，静下心来仔细分析，这些解压方式都是以金钱的付出为代价的，如果能够找到既不用花钱又能释放压力的方式，何乐而不为呢？

人的欲望是永远得不到满足的，这个欲望有时能够激励人更加努力工作，然而很多时候人都是被自己的欲望控制着，为了满足欲望使用任何手段，这体现在消费过程中就是不理性的消费理念。作为有生活追求的都市女性来说，必须要学会控制自己的消费欲望，也只有把这些为了满足欲望的金钱节省下来，生活才能够一步一步地走向当初所憧憬的那样，否则，当一团糟的生活状态摆在面前的时候，我们会迷惑到底是什么让我们变的如此的不堪。

当然，控制好自己的消费欲望并不是完全不去消费，一些基本的衣食住行消费还是必不可少的，作为女性需要控制的只是那些对生活而言不必要的消费，把钱花在有价值的消费上，用一句话概括，那就是"不是不消费，而是要把钱花在刀刃上"。

节约是中华民族的传统美德，现代社会中虽不再是过去那种"新三年，旧三年，缝缝补补又三年"的生活，但理性的消费观是离不开节俭的，培养节俭的意识就可以使我们控制一些不必要的开支。每个人都可以做到节俭，它只是秩序原则在家庭事务管理中的运用，当女性建立了节约的理念之后，就会发现生活会有条不紊，从而避免了很多不必要的浪费。

有一则报道显示，中国人已成为假日奢侈品境外消费人群中最具购买力的群体，居全国之首。春节期间，中国人在境外奢侈品消费分布分别为欧洲46％，北美19％，港澳台35％，以名表、皮具、时装和化妆品为主，而消费人群中女性占到绝大多数。

就职于国内一家大型旅行社的陈导游，对业务非常熟悉，并掌握了一口流利的英语，由于业务功底扎实，被公司调到国外旅游线路做导游工作。

一次，旅行社接到一个要去新西兰的旅游团，公司把这个项目给了陈导游。当陈导游把游客们带到一处最具新西兰风格的景点的时候，大家都被美丽的景色深深地吸引了，陈导游还为大家演唱了一首新西兰民歌，引起了大家的一片掌声，旅途中充满了欢声笑语。

随后，他们来到一家名为"新西兰民俗纪念品展览厅"的地方，游客被里面别具一格的纪念品吸引了，大家都充满了很高的购买欲望，但是陈导游却规劝道："虽然这里的纪念品具有新西兰风格，但大家要结合自身情况，控制好购买欲望，不要盲目地购买这些纪念品，该花的就花，不该买的就不买。"

事后，游客中出现了截然不同的消费现象，一部分在导游的提醒下，只是适当的购买了一些纪念品，而有相当一大部分的女性朋友，依旧购买了很多不必要的商品。

然而后来当他们来到新西兰最大的纪念品交易市场时，发现这里纪念品的价格要远远低于在景点中的价格，可想而知，那些不听劝阻的女性会有多么懊恼。

从这个小故事中可以看出，消费的时候要有效地控制好自己的欲望，想清楚这个商品对于我来说是否是必要的，如果它并不是非买不可，没有它生活就不能继续了，那么就要果断地舍弃，这样不仅能为自己节省不必要的开支，更重要的是把钱花在了有价值的地方，也为我们的理财生活添色不少。

我们身边不难看到一些这样的女性朋友，她们拥有的是这样一种"省钱观"，即热衷于采购家庭需求品，但这些商品就目前来说是并不必要的商品。在采购的时候，这些女性的思维和通常一样，尽可能地找打折或者是大减价的东西来买，以达到"省"钱的目的。这些消费，并不是出于需要，仅仅就是因为便宜，女性就会情不自禁地去把那些"便宜货"买回来，以为自己少花了几十、几块甚至是几毛钱，钱就省下来了。更甚的是，一到节假日，各大商场疯狂的打折，一些人就会排队去购买打折促销商品，在她们看来，只要是买到便宜货，就是"省"了钱了。

但是时间一长，打开衣柜，就会发现，有很多的衣服都是在打折促销的时候买来的，当时为了便宜，没有试穿看看是否合身就买下了，后来又觉得哪里都不合适，又没有办法去商场退货，有的衣服甚至连标牌都没有剪就被闲置在衣柜里。这么多不必要的开支，只要用心省下来，用它来做更有意义、更需要的事情，才真正是用在了刀刃上。

对每一个消费者来说，折扣促销当然是好事，但千万不要认为，购买打折的商品就是"省"钱，因为只要你掏出钱包购买的那一刻开始，你就不是省钱，而是在花钱。曾有一个经济学家对这种现象评论说：消费者是被尊称为上帝的玩物，他们被打折、返利、摸奖以及礼仪小姐折磨得死去活来。

每个女人都应该树立成熟理性的消费观，看穿商场打折的内幕，对于那些不必要的商品，就算是再便宜，也要学会克制自己的欲望。

理财宝典

不论是奢侈品，还是折扣促销产品，只要它并不是生活中必不可少的，千万不要贪图便宜而去消费，因为它就算只有一毛钱，那我们也是支付了不必要的金钱。试着去克制自己的消费欲望，长时间下来，你就会发现自己银行账户有了一笔可观的积累。

逛超市也要有节制

谁都不能抗拒大型超市的诱惑，各种各样的商品：食品、服装、家电、儿童玩具、文体用品等。逛超市的人群各式各样：白领、家庭主妇、学生、老人、中年男性等。因为每个人都需要在超市中获得生活中的必需品，而大型超市就提供了这样一个综合的购物商场，应有尽有。更何况大型超市中的商品，质量和售后服务也都有保证，同时价格适中更能避免一些缺斤短两的现象。

但在超市购物中，尤其是女性，仍不可避免的存在造成女性不理性消费的因素。购物过程中随意性强，往往使女性产生购物冲动，看到什么都想买，觉得自己什么都需要，而当初来超市的目的就被抛到九霄云外了。

细心观察，就会发现这样的现象，女性在超市一般都会逗留 2～3 个小时，她们在挑选商品的时候尽量做到"货比三家"，看看同类但不同品牌价格之间的差异，从而去选择那些物美价廉的商品，她们也会在超市促销区中逗留，盘算着这个商品自己是否需要购买，就这样，走走停停，时间一分一秒过去了，女性朋友的购物车中也被满满的商品充满。当回到家时才发现，需要买的东西都没有买，买回来的都是预先没有想到的商品。

想想自己的实际情况，每次去逛超市，大部分消费者被大型超市吸走了一笔不小的财富，在逛超市过程中，所树立的理性消费观念被偌大的超市消灭了。因为我们还没有学会正确的逛超市，超市商品虽多，但节制自己的购买欲望也是一堂必修课。

（1）在外出购物前，要列出详细的超市购物清单

只有当购物目标明确时，才不会被其他非必要的商品迷惑双眼。在家通常都会收到来自不同超市的促销降价商品目录，可以利用这些目录做好充分的准备工作，比照我们所列出的清单，再看看哪一家超市在价格上更能够满足我们所需要的商品。因为通常情况下，上促销降价目录的商品，它们的平均价格可相差 6％，这样做虽然比较费时，但长期坚持下来，不但可以准备的顺手，更重要的是省下了不少钱。

（2）灵活运用超市会员卡制度

现在的超市都会实行会员制，当会员卡的累计积分达到一定点数时，超市就会赠送一些礼物，或是可以换购一些商品，但通常这样的优惠活动是有时间期限的，因此，在超市购物过程中要时刻留意自己

的积分点数，同时还要注意活动的截止时间。正确使用自己的会员权利，会使我们在购物过程中有一些意外收获。

（3）收好发票，以便于单价和数量的核对

很多女性朋友在购物结束后，把发票随手一扔，就自顾忙其他事了，这个习惯一点都不好，因为一旦出现没有以会员价核算或是商品的价格被重复计算的情况时，没有发票，我们就失去了索要赔偿的权利。

（4）对于一些特殊商品的消费

其实，像米、面、油、卫生纸、肥皂、洗衣液之类的日常用品，在超市购物中如果遇到相对比较合适的促销活动，可以选择购买。因为这些日用品我们每天都需要，而且他们的保质期一般都比较的长，在家里放一段时间也不会坏，日常生活中使用起来也比较方便，很多时候当我们需要的时候，不一定有这次这么合适的促销价格。但这些还是应该为目前急需的商品让路，在选购完急需商品后，可以再关注一下这些特殊商品。

（5）把握时间，趁机消费

对于一般的大型超市而言，食品专柜里的熟食或是一些水果、蔬菜，在每天临近打烊前为了避免食物放得太久而影响销售，都会选择提前几个小时进行打折促销，女性朋友只要掌握时间，完全可以买到放心又实惠、物美价廉的商品，并且完全不会影响食用。

消费心理学中曾经给出过这样一个结论：很多女性在无聊、心情不好的时候，常常选择去逛超市。超市到底有什么吸引女性的呢？男人也许很难理解女性对于超市的狂热。在《男人来自金星，女人来自火星》这本书里作者就说，男人脑袋里只有单任务处理系统，让他们专心陪着女人最好的方法就是让男人"驾驭"手推车，那么他们就会只专注于这一件事。

如果女性只是希望通过去超市来排解自己的郁闷情绪，那么给出

第三课 ——能挣钱更会花钱 聪明消费，花小钱过优质生活

的建议就是最好不带钱或者极少的钱去超市，那么当看到有相中的商品时，想想自己"囊中羞涩"，也就在自我克制下节省不少钱。

很多时候，女性朋友还可以通过寻找超市的"宝贝"来达到省钱的目的。可能对于一些女性来说，对超市自己的"宝贝"还不是很了解，但是对于大型连锁超市来说，几乎每家都有属于自己的品牌。比如：沃尔玛旗下就有"惠宜"、"明庭"等，涵盖了食品、饮料、日用品等门类；麦德龙有"宜客"、"喜迈"等。这些品牌有很大的价格优势，同时超市还会把它们安排在热销产品中间，从而方便顾客选购。因此，对于商品品牌没有特殊要求的女性来说，就可以通过选择这些超市的自有品牌省下一部分钱。

当然，作为一个理性、明智的女性消费者来说，在逛超市的过程中，还需要掌握另一个本领，那就是：一定要擦亮眼睛，避免掉入消费陷阱。因为在超市中出售的商品，常常存在卫生安全隐患，比如：散装食品没有标注生产日期、保质期、配料表等；还有些商品实际上已经过了保质期；部分散装食品的容器没有盖子，这就很容易使灰尘附着在上面。

因此，女性朋友在逛超市过程中，一定要选择有质量保证的商品，否则只为了贪图便宜，吃坏了肚子，还需要花额外的、计划之外的钱，那可真是得不偿失。

理财宝典

逛超市，相信每个人都经历过，但是谁又能做到在逛超市的过程中真正合理地、明智地消费，但为了贯彻理财观念，就必须学会在逛超市时控制住自己的消费欲望，正确地选择自己所需要的商品，同时还要提防超市的消费陷阱，让自己在正确消费观的指导下，使自己的生活质量不断提高。

第四课
理财从攒钱开始

——为自己定下严格的储蓄计划

俗话说,万事开头难。对于理财而言,首先要有财可理。为此,我们必须制定严格的储蓄计划,把小钱变成大钱,获取人生第一桶金,而后通过科学规划、认真打理,实现滚雪球式的财富增长。

积攒下人生的第一桶金

虽然在自己的理财大计中仅仅存钱是不够的，但是理财却是从存钱开始的，这是因为只有从存钱开始，才能够积攒下一定数量的资金，这第一桶金会成为你以后致富的关键。

纵观我们周围的人，有人做生意积攒了自己的第一桶金，有人炒股票积攒了自己的第一桶金，有人打工或者做兼职积攒了自己的第一桶金，不管是哪种方式，都为自己更好的理财打下了一个好的基础。这其中都离不开理财的第一步——存钱。可以说真正的理财是从存钱开始的，对于开始并不会理财的人来说，存钱就能为自己带来原始资本的积累。

有这样一则让人深思的小故事。一个中国老太太和一个美国老太太在入地狱之前进行了一段对话。

中国老太太说："我攒了一辈子的钱终于买了一套好房子，但是现在我又马上要入地狱了。"而美国老太太则说："我终于在入地狱之前把我买房子的钱还清。但幸运的是我一辈子都住上了好房子。"

初看这组对话，它只是反映了东西方人的消费观念不同的笑话。但再进一步深层挖掘，其中蕴含了一个深刻的哲理，即不要指望存钱致富，要为致富存钱。对许多人而言，每个月中拿出一定数量的工资存入银行，一点也不困难，困难的是如何养成这样一个习惯。有些手头拮据的人会经常抱怨机会对他们这样的人来说是不公平的，但是当机会真正摆到他们面前的时候，他们却因为苦于拿不出资金而不得不眼看着机会被别人拿走了。所以说，要积攒下人生的第一桶金，在自己用到的时候随时能够为自己服务，这些存款可以增加你成功的成本，最起码是可以为你抓住机会的。

由此，养成存钱的习惯能增加女人独自应付压力的能力，也能在机会突然到来的时候增加你成功的几率。作为女人，管理好自己的财务，为自己积累原始资本是很有必要的。

小王今年 25 岁，大学毕业后参加工作没几年，身体健康状况良好，月均收入 5000 元，算上其他奖金和年终奖，年收入近 10 万元。照理说，这些钱够她一个人花了，怎奈她热衷于购物、娱乐，对理财又毫无概念，是个不折不扣的"月光女神"。

最近的一次同学聚会上，同学们大谈理财、投资，她好半天插不上话不说，让她惊讶的是，好几个同学谈起自己的买房买车计划有板有眼。同样都是工作没几年的"菜鸟"，薪水也差不多高，可财富的差距也太大了。这回，小王真动了理财的念头，聚会一散，直接去找理财专家咨询。

"单身理财最重要的是 30 岁之前，这个无财可理的阶段属于储蓄期，理财性格、习惯的培养很重要。"专家告诉她，"为了今后组建家庭做准备，一定要强制储蓄。"

有了钱才能理财，根据小王的情况，当务之急是聚财，理财专家建议她用"滚雪球"的方法。具体来说，每月将余钱存一年定期存款，一年下来，手中正好有 12 张存单。这样，不管哪个月急用钱，都可取出当月到期的存款。如果不需用钱，可将到期的存款连同利息和当月的余钱再存一年定期。这种"滚雪球"的存钱方法保证不会失去理财的机会。

理财专家提醒小王，银行有自动转存服务，填存单时记得要勾上这一项。这样做，即使存款到期后没有马上去银行转存，逾期部分不会按活期计息，避免损失。

可见，储蓄能为小王开始自己人生的第一桶金保驾护航，不再是"月光女神"，理财投资也不再是遥远的梦。养成存钱的习惯不仅仅能够给自己积累一定的财富，更重要的是养成节约、有计划开支的意识，这是学习理财技能的第一步。

大银行家摩根曾经说过："我宁愿贷款100万给一个品质良好，且已经养成存钱习惯的人，也不愿贷款1美元给一个品德差而花钱大手大脚的人。"的确，存钱能够提高一个人应付危机的能力，也能在机会突然到来时增加成功的几率。

其实，单身的女孩儿开始自己的存钱计划并不是什么难事，首先要有明确的、量化的目标，根据自己的收入、支出和可以进行的投资，选择自己的开销金额，存款金额和小部分用于投资的金额，这样才能合理地、稳定地实现自己积累资金的目标。

其次，要特别注意自己的预算，女孩儿在生活上的开销会比较大，这就需要规划出自己哪些是必须花的，哪些是可花可不花的，这些最好能在自己的预算里一一列举出来，不能毫无计划，有一分花一分，没有结余。

比如，当你拿到自己一个月的工资后，不能因为觉得自己终于有钱了就急于花掉，而是要将自己的开支分开列出来，这些分类通常是：生活必需品开支、灵活性开支、兴趣开支、投资开支等。在开支类别明确后，可根据主次划分，按比例确定计划花费。在预算结束后，仔细计算能够拿多少钱去存钱。总之，做预算就是你养成存钱习惯的第一步，这可以大大减少消费的盲目性，为自己积攒下投资的第一桶金。

要积攒第一桶金光有存钱还是不够的，还需要一点小规模的投资，这就需要你对各种理财产品进行一个初步的学习，你可以先从购买银行的理财产品开始，投资小一些，有了收益和对投资步骤了解之后再进行稍大规模的投资，这样的投资尝试会使你的第一桶金像滚雪球一样，越滚越大。

但是，我们还是强调理财要从储蓄开始，因为储蓄能够提高人们的节俭意识，也最容易让人们在不经意之间攒下一笔创业资金。

理财宝典

要想致富，单纯地努力工作还是不够的，女人要想过上高品质的生活，月光族是不能做的，要养成一个良好的储蓄习惯，为自己将来理财投资积累原始的资金。

制定合理的储蓄计划

一旦决心储蓄存钱，没有计划是不行的。也许你会在心里默默地告诉自己每个月一定要储蓄多少钱，但是仅仅是心理暗示还是不够的，女人本身就是善变的动物，不做一个计划是很难将自己的储蓄大计坚持下来的。

首先，我们要学习的就是储蓄种类，我们都知道储蓄最大的优势在于风险小、期限灵活、简单方便，但是略显保守，收益相对较低，而这正好符合中国人骨子里那种根深蒂固的传统理财观念。而说到储蓄的种类是可以按存款期限的不同分为活期储蓄和定期储蓄两大种类的，而定期储蓄又可以分为整存整取、零存整取、整存零取、存本取息等很多类型，了解了这些会更容易为自己的储蓄制定计划。

除了选择储蓄方式，根据自己不同形式的收入来制定储蓄计划也是必不可少的。

生活中，我们现金的收入可以分为工作收入、理财收入和资产负债调整的现金流入。工作收入包括薪金、佣金和奖金等，这些都是人力资源创造出来的收入，通常说来是比较稳定的，但是也存在事业风险。理财收入则主要是房租、股票利息以及投资得利等收入，这些则存在一定程度的投资风险。

对于刚刚工作的年轻来说，一般只有工作收入这一项收入，而没有理财收入。而退休的人则只有理财收入，没有了工作收入。因此，不同的情况需要制定不同的储蓄计划，才能保证自己的资金保持只增不减的状态。

一般，毕业后工作1~5年的女性大多收入较低，朋友、同学也多，需要经常聚会，再加上谈恋爱和面临结婚等情况，花销比较大。所以年轻女性在理财的时候最好不要以投资获利为主，最好以资金的积累为主，可以为自己制定这样的储蓄计划：节财计划→资产增值计划（这里是广义的资产增值，有多种投资方式，视你的个人情况而定）→应急基金→购置住房。也就是以积累为主，得利为辅。大概可以分为存，省，投三个部分。

这一阶段，存钱是一件很辛苦的事情，但一定要坚持不懈，不间断地存钱，在你每个月的收入里要雷打不动地提取一部分存到自己银行的账户里，这就是"聚沙成塔，集腋成裘"的实践。一般情况下，最好能够提取自己收入的20%~30%的收入进行存款，当然，这个比例也并不完全固定不变的，要视实际的收入和每个月的花销来确定，但是要保证每个月一定要有存款。

谈及存款，对年轻的女性朋友而言就必须要注意存款的顺序，这

第四课

理财从攒钱开始

为自己定下严格的储蓄计划

里说的顺序就是一定要先把钱存起来再消费，消费多少要视自己的存款而定，千万不能在月底自己的工资快要花完的时候再去把所剩无几的钱存起来，这样很容易使自己的存钱计划搁浅。每个月的收入先用于存款，再用于消费，你就会为了保住自己的账户余额节省不必要的开销，而且自己有了这部分的手头存款，在用到钱的时候也就不会觉得手头拮据的。

当然，我们在这里强调存款的重要性，并非要求大家克制消费，实际上在日常消费时适当注意节省、节约，在基本的生活开销外要尽量减少不必要的开销，把省下来的钱用在存款或者开始自己的投资上面去，长此以往你将受益匪浅。

可能对于年轻的女性而言，觉得省钱是不适合她们的，她们把"省"看作是"抠"、"小气"，虽然作为新时期的女性，追求时尚，追求潮流是情理之中的，但是这种想法是有偏差的，比如把根本用不过来的包包的花费用于存款或者购买返还型健康保险就比消费来的回报高多了。

有的女性朋友觉得储蓄实际上就是把自己的工资存到银行，其实没有那么简单，一笔钱放在银行的卡里，只能享受很低的活期存款利率，但是如果相同的存款改为定期存款将会获得更多的收益，短期内看起来可能差别并不大，一般也就是几十上百元的差别，但是如果时间长的话，再加上利滚利的因素，两者的收益差距就显现出来了。

除了存款和省钱，也不能忘了投资，每个月固定工资的存款是不能给自己的资金带来大的增长的，只有适当地进行投资，才能实现财富的快速积累。减去每个月的存款，日常消费之外的那部分资金就可以用来投资了，可以选择再存款、买股票或其他投资产品、教育进修等。这可以帮助自己制造多方收入和自身的提高。

对于短期内不存在结婚或者大笔用钱地方的女性朋友来说，使用固定资金的存储会增加你的资金累计，提高自己储蓄理财的能力。这种方法对于那些还没有成家的女性尤其实用。那么，那些成家的女性朋友又该怎么执行自己的储蓄计划呢？

一般，成家的女性在婚姻阶段经济收入已经有所增加，生活基本上是稳定的，一般是两个人共同生活取得收入，有了比单身时候更加充裕的资金用于储蓄理财，但是又会面临生孩子，买房子和买车子等一系列问题，这个时候就要把自己的储蓄计划重新设置一下：节财计划→购置住房→购置硬件→应急基金。而理财重点应该放在继续保持家庭储蓄和合理安排家庭建设的支出等方面。这个时期的理财策略应是：坚持储蓄为主，兼顾购置房产。因为一个家庭要想有一个稳固的根基，就必须要有一定数量的存款，而房产在另一种程度上会是一种固定的资产，因此也可以看做是储蓄的一种方式。

对于储蓄而言，因为每个人的情况不同，要根据自己的个人实际经济情况和个人性格特点制定属于自己的储蓄计划，并且严格按照自己的计划进行储蓄，这样随着时间的推移你将最终获益匪浅。

理财宝典

储蓄并不会一步到位，财富也不是一下子就积累起来的，制定储蓄计划会让你的财富积累更容易实现，消费更没有后顾之忧。

第四课

理财从攒钱开始
——为自己定下严格的储蓄计划

选择适合你的存储方式

存储，不就是把自己的钱放到银行里存起来吗？这个很简单啊，谁都会的啊。没错，在银行里存钱是很简单的事，小孩子、老年人都能做到，但是，要怎么利用好不通过储蓄的方法，得到更多的储蓄带来的"实惠"呢？这就需要根据不同人的情况选择适合自己的存储方式了。

有调查显示，我国居民选择把 70% 的钱放在银行不做任何投资，而在美国，家庭储蓄却不到 10%。从 2003 年起，我国的物价指数开始持续攀升，2004 年 1 月份同比攀升到 3.9%，而银行的利息却一降再降，实际上，我国现在已经进入了"负利率时代"。

虽然这样，我国很多人还是选择储蓄这种最基本最稳妥最保守的方法来处理自己的资金，特别是崇尚安稳生活的女性，很多女性甚至根本不会利用银行提供的存款方式处理自己的存款。因此，在负利率时代，运用一些技巧给自己赚取一些利益就是你不能不考虑的问题了。

首先，储蓄最重要的就是选择适合自己，有些储蓄方式虽然收益高，但是又不适合自己的实际情况，那么收益再高也是于己没有什么意义的。下面这些储蓄方式，你可以根据自己的实际情况进行取舍。

定期存款要选择短期。目前来说，存款期限的长短对利率的影响已经没有那么大，而且现在的存款利率已经很低了，如果现在选择长期的定期存款的话，一旦利率调高，就享受不到较高的利率了，受到的损失就很大了。而短期的存款流动性很强，到期后还可以马上重新存入。这样的方式是那些已经有了一定金额的固定积蓄的人可以采取的方式。

即使是结婚的女人都知道不能把自己的全部期望寄托在自己的丈夫身上，这是因为女人终究还是要靠自己的，这和储蓄实际上是一个道理，不能把自己的资金过于集中的存在一个账户里。

举个例子来说，一笔一年期整存整取的存单有 10 万元，现在急需 5 万元，除了从这 10 万元里提取没有别的方法，那么，只能是提前支取其中的 5 万元，另外剩下的 5 万元只能按活期利息计算了。但是如果我们把这 10 万元分成两张 5 万元或者更多的单子，用多少取多少，就不会造成这样的损失了。

现代社会里年轻的女性白领越来越多，她们的收入主要以工资为主，绝大多数人的工资都是直接打在卡上，即活期存款，通常都是用多少取多少，每月节余部分也就放在卡里吃活期利息了。这样一方面是不利于资本的积累，另一方面也让自己在利息上受到了损失。

比如说每月节余 2000 元，如果放在工资卡里按活期利息 0.72% 算，一年后有 24137.86 元（税后），而按照上述方法存的话，一年期整存整取利息 2.25% 就有 24432 元（税后），利息上就会多出来 294.14 元。

无可否认，现在的女孩儿基本上都是家里的宝贝，花钱很少有节制，所以在职场女性中存在大批的"月光"一族，几乎占到了 70% ~ 80% 的比例，这些月光族刚开始工作的时候或许觉得自己挣的钱用在自己身上是天经地义的，也不留意要怎么存钱省钱，但是大多过了一两年的时间都会后悔。看到别的同时工作的姐妹们要么准备成家买房了，要么准备买自己的座驾了，自己却还没一笔存款。

对于这样没有自制力的女性，就需要强制储蓄习惯的建立了，每个月强制拿出一部分资金存于银行，采取零存整取的方式，也是能够存下一笔资金的。

你要坚信，现在进行储蓄是为了明天更好的生活，如果你忽略了储蓄的重大意义，甚至是瞧不上银行给你带来的低利息，那你又如何积累自己的原始资本，又从哪里找来钱进行下一步的投资呢？正所谓"不积跬步，无以至千里；不积小流，无以成江海"，资金的积累，也要从一点一滴做起。

以上讲到的是我们在现实生活中都会遇到的储蓄方式，作为新时期的女性，理应对储蓄理财有一定的了解，为现在的自己和今后的家庭准备一个行之有效的储蓄计划，让自己的银行存款永不为零。

根据自己的实际情况，审视自己现有的财务状况，自由安排你的存单款额、存单期限、储蓄方法等，在这个重视理财的时代里，利用好储蓄的技巧也是非常重要的，这能为你带来意想不到的收获，希望每个独立的女人都能找到适合自己的储蓄方法。

理财宝典

储蓄方式千千万，还需要每位女性朋友从自己的经济状况出发，选择适合自己的，才能保证自己的资金安全，为自己带来更多的收益。

养成强制储蓄的习惯

对很多女性朋友而言，在没有理财习惯的时候，养成储蓄的习惯也是很艰难的，特别是对于年轻的女性来说，衣服、鞋包、化妆品、保养费用、旅行费用、休闲娱乐等各种费用加在一起也是很大的开销，一个月下来很难再有什么结余，只能是"月光女神"了。

或许有的人也很疑问，自己的收入并不低，可是为什么年复一年，自己的账户存款还没有凑够六位数？当你的朋友已经坐上了财富快车，从身边疾驰而过的时候，你会不会这种疑问更加强烈呢？那就需要审视自己的储蓄习惯了。

月光族之所以很少理财，究其根本就是因为她们无财可理。

是自己的收入太少？小曹显然不服气，算下来自己工作也有五年的时间了，从最开始的一名普通职员，慢慢做到公司的中层，薪水也一直稳中有升，月薪已有近万元，比上虽然不足，比下仍有盈余。可是昔日的同窗，收入未必高过自己，可在家庭资产方面已经把自己远远甩在了后面。

随着小曹年龄的逐步向30岁迈进，可还一直没有成家。父母再也坐不住了。老俩口一下子拿出了20万元积蓄，并且让小曹也把自己的积蓄全拿出来买一所新房，早点为日后结婚做打算。可是让小曹开不了口的是，自己所有的银行账户加起来，储蓄也没能超过六位数。

其实，小曹自己也觉得非常困惑。父母是普通职工，收入并不高，现在也早就退休在家。可是他们不仅把家里管理得井井有条，还存下了不少积蓄。可是自己呢？虽说收入不算少，用钱不算多，可是工作几年下来，竟然与"月光族"、"年清族"没有什么两样。前两年周边的朋友投资股票、基金也赚了不少钱，纷纷动员小曹和他们一起投资。小曹表面上装作不以为然，其实让他难以启口的是，自己根本就没有储蓄，又拿什么去投资呢？

小曹虽然月薪不低，也很勤恳，可是唯一的遗憾就是没有什么存款。常理说，月薪高的话理应是可以有一些存款的，可是殊不知，收入越高，欲望越大。对于小曹这样的上班一族女性来说，衣服、化妆品等都是很大的开销，如果没有严格的储蓄计划，留下积蓄的可能性就很小了。

那些在日常生活中没有合理的储蓄规划的人，花钱的时候也是东一笔，西一笔，也许表面上看每一笔都不是很大，就像小曹说，自己平时喜欢和闺蜜逛街、看电影、喝咖啡，有时候还特别贪睡，匆忙起来后就打车上班了，就这样不知不觉的，一个月的收入就消耗殆尽了。

类似小曹这样的情况，收入不低，可是收入和支出相抵消，最后的结余几乎为零，特别是处于事业刚刚起步阶段的女人，更要从最开始的时候就养成强制储蓄的习惯。

零存整取可以说是一种强制存款的方法，每月固定存入相同金额的钱，养成一种"节流"的好习惯，严格地控制自己的消费，放弃感性消费，实现理性消费，脱离"月光"的"魔爪"。久而久之，看到自己也有了存款，小金库鼓了起来，你也会感到很欣慰的！这种成就感也是不言而语的。

那么，什么是零存整取呢？就是每月固定存额，一般5元起存，存期分一年、三年、五年，存款金额由储户自定，每月存入一次，到期支取本息，其利息计算方法与整存整取定期储蓄存款计息方法一致。中途如有漏存，应在次月补齐，未补存者，到期支取时按实存金额和实际存期，以支取日人民银行公告的活期利率计算利息。

小刘和老公每月工资加起来有六千多，平时俩人各花各的，到月底一结算，所剩无几。想到马上要还房贷，要买车，要攒女儿的教育费，想到"算计不到要受穷"，于是俩人下决心要攒钱。

决心好下，实施起来有点难。小刘爱逛街购物，到了夏天，满满一柜子的衣服，似乎没有一件适合自己穿的，于是又逛，再买。老公爱交朋友，周末最爱和他那帮哥们儿下馆子喝啤酒。两个月过去了，他俩的攒钱计划又不幸"搁浅"。

最后，小刘想出一招，俩人工资合在一起，每月取出两千块当生活费。老公管记账，老婆当出纳。想花钱？行，报出名目来！先审核，通过了，再拿钱，然后记在账本上。

起初老公死活不同意，说小刘抠门、小气，说他在同事哥们面前没面子，小刘不为所动，坚持要这么办。就这样，俩人几乎在斗气中度过了一个月，结果这两千块还真支撑了一个月。要知道，这俩以前可是"败家"高手啊，以前2000块还不够小刘一个人花的。

小刘指着账本上一些不应该花的账目对老公说："这过日子，手一松一紧，差别太大了。如果我们再对自己抠门一些，我们以后的日子更好过。"记了一个月账的老公这才明白"当家方知柴米贵"，心悦诚服地和小刘一起实施起攒钱计划。

如今，小刘家"钱账分离式"理财法实施几个月以来，已成功把每月支出控制在1000元左右，存款数倒是很明显地涨上去了。

正是强制储蓄的方法，使得小刘夫妇有了自己的消费计划，为自家积累了越来越多的存款。实际上，在家吃的简单些，为何非得下馆子？衣着也没到"新三年旧三年，缝缝补补又三年"的境地；出行嘛，没事就坐公交，还不用操心停车位，为何非得要摆那个排场？把省下来的钱都存起来，时间长了，那可是一笔不小的数目呢。

理财宝典

不管你是还没结婚的待嫁一族，或者是刚结婚不久的小媳妇儿，或者是生活稳定的老夫妻俩，养成强制储蓄的习惯会给你带来最大的惊喜和最坚强的后盾。

时刻关注现金流量表

女人会有自己的收入和支出，不管是在结婚前还是结婚后，都要时刻关注自己的现金流量表，知道自己的每笔钱的动向，掌握好自己的消费程度。

比如，一个女人，特别是一个善于投资的女人，会有工资和投资两方面的收入，这两个方面构成了自己的总收入，这就是自己的现金流入量。但是也会有一定的支出金额，比如，购买或维修物品、通讯费用、外出就餐、交通费用、日常生活用品费用等各方面的费用，所有的费用加在一起，就是现金流出量。

今天，女人不依靠男人，同样可以撑起一片自己的天空，女人可以工作，可以投资，可以创业做生意，女人除了上班有了更多的收入来源。无论是职场中的女性还是创业的女性都有了比原来更多的赚钱方式。

梅芳现在是一名机关文员，除了平时的工作外，由于在大学的时候她就喜欢写点文章投给报社，她就利用这样的优势为自己开辟除工作之外的收入。因为梅芳是把写作当作自己的一份"事业"，所以写稿的热情一下子就被调动起来了，开始有针对性地给不同的报社和杂志写稿子。

现在梅芳每天除了固定的工作收入外，稿费每月就在 2000 元左右，已经快赶上工资了，现在的生活显然比从前更加宽裕了，既打发了她这种机关工作的无聊时光，更重要的是为自己创造了更多的财富。梅芳就是很好地利用了自己的特长和兴趣，增加了自己账户里的现金流入。

除了这种和自己的工作性质相联系的兼职可以增加自己的流入现金外，投资更能够使自己的收入突飞猛进。

现在银行里有很多的理财可以投资，女性虽然对经济不感冒，但是却可以通过咨询选择适合自己的理财产品，无论是长期的还是短期的，只要尝试后能帮自己增加现金流入的就应该坚持下来。

有收入就会有支出，女人的支出尤其多，不管是结婚的女人，还是单身的女人，现金支出不得不关注的一个方面。而且，女人都很爱购物这是众所周知的，中国人才热线曾经发布过一项职业女性消费调查显示，有七成的白领女性支出超前，其中56%的人表示不会去储蓄。女人在消费的时候往往是不理智的。

莱文在购物的时候，自己的 Visa 卡到了最高透支额度，于是转而用另外一张卡，晚上购物回到家的时候，莱文突然发现，现在的自由购物并不是什么真正的自由，她仔细思考了自己的消费对于经济、环境、社会，更重要的是对她自己的意义，疯狂地决定，下一年全年不买东西，看看自己的生活会不会因此发生变化。

莱文并不是物质欲十分强烈的人，这一年她控制自己，不吃垃圾食品，冰箱里不储存太多的食物，不开霸道耗油的 SUV 汽车，不买衣服，不买鞋子，甚至不买包。虽然有一次，她在一家二手商品店里，为了要不要买一件 100 元的东西，思想挣扎了半天，但是最后她坚持选择放弃。

到了一年期限满的时候，莱文清查了一下自己的支出账目，并且和上一年的消费做了一下比较。她发现房屋贷款、水电费和健康保险等基本费用，不可避免地用掉了总收入的四分之三，其他的四分之一可以任意支出的部分，和上一年相比较，书籍上省了1300元，衣服省了3500元，她一年没有看电影，没有在外面吃过一顿饭，一共节省了8000元。

莱文并不是一个没有节制的人，可是女人购物消费的天性使得她失去了关注自己的现金支出，一次刷爆卡的经历使她开始关注自己的消费支出，并且节制自己的消费，为自己省下了一笔不小的钱。

总得来说，女人用在支出上的费用无疑有衣服、鞋子、化妆品、休闲娱乐等几个方面，要想控制住自己的支出，最好能把自己的消费做一个小小的计划，比如，每年最多购买多少钱的衣服，每年用在化妆品上的费用，出行的时候尽量坐公交车，出门逛街最好不要选择在高档餐厅就餐等，这些小的细节能够影响你的现金流出速度，为你省下一笔不小的开销。

无论是现金的流入还是现金的流出，缺少关注都会给你的资金带来危机。忽视前者，你会发现你的银行资金在长时间内并没有一个大的增加，你也许很努力地工作，也曾经涨过工资，可是不会理财投资的你还是守着固定的收入，过自己拮据的生活。

不关注自己的现金流出的后果会更加严重，往往会在自己的钱花光光的时候，还不知道自己到底是把钱花在了什么地方，甚至大笔的支出都会由于你的盲目消费习惯造成你的资产流失。

所以说，无论你现在是单身女性还是已经组建家庭，都要随时关注自己的现金流量表，为自己的收入和支出做一个详细的执行计划，在增加收入的同时，尽量避免不必要的资金流出而造成损失。

理财宝典

理财就是使自己的钱能够始终掌控在自己的手里，增加收入，节省开支是理财的终极目的，现金流量表能帮你分析自己的理财习惯，发现弊端，规避损失。

为宝宝做好教育储蓄计划

教育储蓄作为国家开设的一项福利储蓄品种，目前银行一般约定教育储蓄50元存起，存期分为一年、三年、六年3个档次。存储金额储户自行决定，每月存入一次（本金合计最高为2万元）。

教育储蓄具有客户特定、存期灵活、总额控制、利率优惠、利息免税的特点。由于教育储蓄是一种零存整取定期储蓄存款方式，在开户时储户与金融机构约定每月固定存入的金额，分月存入，但允许每两月漏存一次。因此，只要利用漏存的便利，储户每年就能减少了6次跑银行的劳累，也可适当提高利息收入。

无疑，孩子是父母的希望，同时也是祖国和社会的未来，孩子健康快乐的成长，能够接受良好的教育是每个家长的心愿。特别是在现代越来越激烈的社会竞争中，多读点书是很有必要的，更是有一些经济条件比较好的家庭会选择让自己的孩子出国深造。

纵观现实，对于普通家庭来说，现在的教育费用的上涨是一笔不小的开支，能不能为自己的孩子做好"教育储蓄计划"，会直接影响到孩子未来的学业。

第四课
——理财从攒钱开始
为自己定下严格的储蓄计划

调查显示，83%的人在孩子的教育费用上感到吃力，54%的家庭在子女身上的支出占了家庭收入的20%。加之教育费用的开支又具有时间上的刚性，即不能减少或延缓支出，因此及早做筹划准备是十分必要的。

那么，我们如何做好"教育储蓄计划"呢？一是计划性投资，二是要规避风险。

也许你会说，平凡的生活中会有哪些风险会影响到自己孩子的教育呢？其实不然，生活中随处存在的风险会影响到孩子的教育金储备：

第一：父母发生意外。这里的意外包括意外伤害、突然失业、投资失败等多方面的，或者疾病和事故的风险。这些可能存在的风险如果不幸发生，会在很大程度上影响到你孩子的教育用款，也就难免会在不同程度上影响到孩子的学业。

第二：父母存在离异的风险。随着社会的发展，经济的快速发展，人们对自己的婚姻要求也随之提高，对自己的伴侣要求也随之提高，可以说中国人的婚姻观正在发生改变……我们都说"夫妻同心，其利断金"，而夫妻一旦"不同心"，无论从心理还是经济上，受影响最大的首先是孩子。父母离异，经济上的纠纷是难以避免的，孩子的教育用钱由谁承担，怎分摊等都是对孩子教育的一种风险。

第三：不可否认，现如今资金有"缩水"的风险。基于现在社会的经济发展不稳定，国际市场的不稳定，资金存在缩水的可能性，如果过多将资金放在银行或股票等风险投资上，"缩水"的风险就更大了。

分析了这些风险，我们得出了一个结论，那就是，要尽早为自己的孩子做好教育储蓄的计划，这个教育储蓄能够为自己的孩子今后的教育保驾护航。

比如，有的父母给孩子开了储蓄账户，凡是孩子的额外收入都要求孩子存入银行。这种方式最大的好处并不在存钱的本身，而是有利于培养孩子勤俭节约、有计划生活的好品质。孩子的收入来源大致有两种，一种是压岁钱。每年春节，孩子都会得到数量不等的压岁钱，多的几千，少的也有百十元。这笔钱如果无计划地花掉，实在是没有意义。如果按计划存起来，将是一笔可观的收入。另一种是亲朋好友平时串门时候给的钱，这些钱数量不一，也是一笔不小的收入。

除了上面提到的固定教育储蓄，还可以把其他投资收入作为孩子的教育基金。

第一，银行及银行理财产品。一年内需要用到这笔教育储蓄，最好就是放在银行；一年至三年要用到的，可以选择一些相对固定收益的银行理财产品；超过三年甚至十年以上的，不建议放在银行。

第二，基金定投、黄金定投。对于五年以上才用到的教育储蓄，作基金定投是个很不错的选择。采用基金定投，不论市场行情如何波动，每个月在固定时间定额投资，在基金价格较高时买进的份额较少，而在基金价格较低时买进的份额较多，长期累积，可以有效地回避风险，复利效果也非常明显。建议风险承受能力较强的家庭重点关注。

第三，购买黄金。黄金一直被看成是财富的象征，具有不可替代的保值功能。在目前通胀预期如此强烈的大背景下，黄金更是受到很多人的追捧。但是对普通投资者而言，很难准确判断黄金的未来走势，因此一次性大笔投资是具有风险的。因此，黄金更适合定投，目前，部分银行就推出了黄金定存性质的产品，长期地分批买入，能够更好地平衡风险。

第三，保险。所有保险都有一个共同的特点：短期回本慢。因此，不建议五年内需要用到的教育储蓄通过保险来完成。保险的风险波动小，而且属于强制储蓄，这样可以避免在储蓄的过程中随意挪用教育储蓄。另外，保险的保障功能可以把孩子成长过程中的人身、疾病和

第四课

理财从攒钱开始
——为自己定下严格的储蓄计划

意外等风险转移给保险公司。

由上可见，教育储蓄的方式还是多种多样的，这样的教育储蓄能够为自己的孩子将来的教育准备一笔随用随取的资金，享受理财带来的好处。因为教育资金对于孩子的非义务教育阶段还是一笔不小的开支，所以教育计划投资对于父母来说，越早准备越好。

理财宝典

在自己的孩子还在婴儿的时候就准备好为孩子开设一个教育储蓄，这能让你的孩子在教育花费上，或者更高层次的教育水平上没有后顾之忧。

做好储蓄的九大原则

储蓄并不是一件容易的事，需要从很多方面开始努力，方能走好储蓄理财的第一步。这其中有些原则是必须要学习和坚守的。

第一，制定储蓄计划。

正所谓没有详细的计划，就没有真正的开始，也就没有可能养成良好的储蓄习惯，没有积累资本，投资也就无从谈起。所以在储蓄之前，当务之急是要为自己制定一份储蓄计划，越详细越好，并且严格地执行，这样才能保证自己能有存下钱的可能。

第二，最好建立一个自动储蓄账户。

所谓自动储蓄账户就是一个只存不取的账号，每个月固定从你的工资卡上划去一小笔不会影响到你日常开销的钱，这笔钱可能仅仅就是你一顿饭的钱，或者也就是你一次泡吧的费用，当你开始这么做的时候，你就不会再是"月光女神"。

这笔存款不能列入你日常开销的部分，即使是到了没有再可支配的钱的时候，这笔钱也是万万不能动的，你要么等到下个月发工资的时候，要么找临时兼职来增加你的收入，这样不仅可以克制你的消费欲望，而且还能帮你开拓增加收入的途径。

第三，列出常用物品清单。

不可否认，很多女性在消费的时候并不是因为需要某件商品而购买它，很有可能是因为这件东西便宜或者现在正在打折，女人往往会抱着"现在不买就亏了"的心态买下很多原本并不需要的东西。这笔开销是一种巨大的浪费，所以为了让自己的消费更加理性，能节省下更多的钱用在储蓄上的话是也会是一笔不小的额外收入。

甚至你可以列出一个你最常用的物品清单，你可以把这个物品清单放在自己的手机里，在你购物的时候可以随时翻出来看看，从而放弃那些自己根本就不需要的东西，即使在碰到这些东西打折的时候，也坚决不予购买。在经历了一次次的放弃购买欲望之后，你会发现你的生活纵使离开了这些东西仍然可以照常继续，无疑这样做使你省下很多不必要的支出。

第四，学会网购代替实体店。

现在物价飞涨，购物需要的钱越来越多，东西越来越贵，如何在压力如此巨大的社会里花最少的钱买到最需要的东西就是你需要用心考虑的了。在日常生活中，为了知道自己需要购买的东西有没有打折促销，你可以上购物网站，说不定你就能淘到比实体店更要便宜的东西。

这一点对于现代的时尚女性来说并不是什么难事。淘宝，凡客，京东商城，聚美优品，当当，麦考林等，现在的购物网站名目繁多，

第四课
——
理财从攒钱开始
为自己定下严格的储蓄计划

相互之间的竞争也很激烈，甚至有的网站会为了更多的盈利打价格战，作为消费者，何不就去占了这个便宜呢？这除了能够为自己省去一大笔开销，而且还能节省了逛街的时间和精力，用这去忙点其他的事情，丰富自己的业余生活，说不定还能发现更好的理财产品，何乐而不为呢？

第五，选择高利率的银行。

如果你的钱已经积累到了一定的数量，并且你也已经习惯了过省钱的生活，那么当务之急就是换一个高利率的银行来帮你存钱，高利率的银行会带给你更多的利息，不管你是在睡觉的时候，还是在工作的时候，你的钱都乖乖地在银行里帮你生出更多的钱，这会鼓励你继续你的省钱大计，为你节省下更多的钱，积累投资的资本。

第六，省下了多少钱，就要存多少钱。

不管你是因为购物还是因为什么别的原因，省下的钱就一定要存到自己的账户里，要知道，你买一件商品省下来的钱不是为了用在购买另一件商品上，也不是为了让你可以有本钱休闲娱乐、胡吃海喝。

也许你没有料到某一次打折或者降价，无意中省下来了一笔钱，这笔钱就不在你的计划消费中，一定要把它存在自己的账户里，避免不必要的浪费，唯有如此，你才能做到每一分钱都花在了该花的地方，每一分钱都在它应该在的地方。

第七，千万不能小瞧了零钱。

生活中最常见的五毛钱一块钱的零钱是不是就没有用武之地了呢？非也。零钱也应该存起来，这种情况，你可以买一个储蓄罐，积少成多，这个方法虽然看起来是比较老土，但是这个方法目的不是让你通过攒零钱实现什么大的积累，而是在于让你养成一个不浪费，珍惜每一分钱的习惯。或许一块钱不会有什么大用处，但是如果是一百个一块钱摆在你面前的话就可以换成一个百元大钞，是不是又可以存到银行里呢？

第八，正确看待奢侈品。

奢侈品对于任何一个人来说都是一种让人难以阻挡的诱惑，特别是对于那些爱慕虚荣的女性，对奢侈品更是情有独钟。所以，冲动的女性在非常希望能拥有某件奢侈品的时候，最好不要立即就拿出自己的信用卡购买，或许这件商品对你并没有那么重要，或者实际上你并不是真的需要。

当你看上一件奢侈品的时候，不要行动，最好等待。等待一个月或者是更长的时间，你就可以回过头来重新审视这件商品，你是不是依旧特别希望拥有它？比如说你每天的薪水为 100 元，但是你希望买一个 2000 元的游戏机，那么你就需要等待 20 天，等自己努力工作 20 天之后，再回头看看是否真的想拥有它。

这样，给自己一个时间上的缓冲，在这个等待的过程中，能让你分辨出哪些是你真的需要拥有的东西，而哪些只是一时冲动希望把它抱回家里的，考虑清楚了再购买比买了再后悔想要退回去要容易得多。

第九，存小钱，买大物件。

生活中难免会有大物件需要购买或更换，当你需要购买大物件的时候，就把这个物品的价钱形成一个账户，把平时省下来的所有的小钱都存放到这个账户里，积少成多，这并不会动用你的固定存储资金，当你坚持下来，通过积攒为自己买到了一个大物件，你会倍感珍惜，也会激励你今后的类似行为。

理财宝典

做好储蓄并不容易，需要你有一个良好的习惯外，也要有清晰明确的原则，避免自己一时冲动打破储蓄计划。

第四课
——理财从攒钱开始
为自己定下严格的储蓄计划

不做守财奴，存钱≠理财

虽然我们说到了储蓄的种种好处，但是仅仅有储蓄还是不够的，只存钱并算不上是真正的理财，理财是让自己的钱衍生出更多的钱，只存在银行里的钱是不能为你带来财富的大量累积和快速增加的，只是为你的投资积累一个原始资金而已。

也许长时间的存款会为你带来金钱在量上的一定增加，但是，你干守着自己的固定收入是永远不会能够体会到理财的乐趣的，也永远不会尝到理财的甜果。

特别是对女人来说，在勇气上的缺乏很容易导致自己苦苦守财，不敢用自己积累的资金去"博"一把。其实在现代大都市里，守财的女人比比皆是，她们目前还拿着微薄的薪水或者和老公过着清苦的生活，希望有朝一日能够在大城市里立足，于是对每一笔钱都小心翼翼，不敢买这个，也不敢买那个，过着畏畏缩缩的生活。

但是女人要独立，要活得精彩就不能仅仅是单纯的守财，相比之下，理财会更加重要。最近在报纸上看到这样一则报道。

"月收入9000，年底存款90000！"近日南京一对80后夫妻在网上晒出存钱大法后，引来网友围观。专家表示，理财应该是既会存钱也会花钱。

据帖子内容，两人日常支出安排：晚上去超市抢购打折食品留作次日早饭，如此一月至多花180元；午饭在单位蹭食堂；晚饭，每月有 15 天应酬或加班。综上，每月饭钱不到 200 元，交通主要靠电动车，电话费、水、电等 150 元，合计每月花费 700 元；每年非固定支出上，老人过节礼 6000 元、旅游费 4000 元、人情和零花钱 4000 元、添置衣物 4000 元、紧急备用 5000 元，总计不超过 25000 元。

综上，扣除每月固定开支，加上过年过节奖金等，收入合计 11.5 万元。再减去上述 25000 元，一年存 9 万元绰绰有余。

对于这样的存钱方式，有理财专家指出是不科学的，不是增加财富最快最好的方法。理财应该是既会存钱也会花钱，相对于为了存钱而存钱而言，合理配置已有的资产、做好理财规划才是王道。

这对夫妻可以说收入稳定，存钱能力强，目前更应该考虑的是更为积极的理财方案，在存款、基金、股票以及保险方面做出合理的资产配置，以获得保障，增加收益。

也许随着时间的推移，你能为自己积累资金，但是你无法预测经济的走向，也无法控制货币的贬值还是升值，只有尽可能让自己的存款额多起来，才能使自己在遇到经济危机的时候有喘息的能力，化险为夷。

既然是喜欢在银行存钱，就可以先从银行的理财产品开始你的理财之路。必须明确这一点，虽然银行的理财产品相对于股票、基金来说，显得更为保守稳健，但是它是一种金融投资产品，并不是储蓄存款。

因为银行理财产品是属于投资的范畴，所以风险肯定是有的，而且这种风险是由购买者承担的，这和银行的存款储蓄是有着质的区别的，是一种投资。

在购买银行的投资产品的时候要把握好自己的资产，认真阅读银行理财产品的说明书，避免给自己带来本可以避免的风险。另外购买理财产品当日并不是起息日的开始，在产品的条款中一定要看清楚自己的募集日和起息日，这样才能保证资产在起息日前进行合理利用。

可见，这样需要专业知识和细心程度要求高的理财产品投资是和储蓄那种不用费神费心的方法有着很大的区别的。

现今社会，赚钱的机遇很多，普通人利用自己的存款进行投资获得回报的几率也很大。作为已经有了一定量存款的人来说，特别是对习惯守钱的女人来说，最好不要沦为守财奴。在这样一个获利预期很大的市场环境中肯付出一些机会成本，加大个人资金的流动性，购买一些理财产品或者进行一些投资还是很有必要的。

首先，要重新审视自己账户里的钱。看看自己的钱是投资赚来的多，还是工资积累的多，如果是后者的话，你就要注意是不是能够为自己开设一个投资的项目，尝试投资理财的方法。如果是前者的话，也可以考虑自己目前的投资方式和方向的收益如何，有没有更换理财方式的必要。再者，你可以观察自己周围的人，有哪些人虽然挣着和你相同的工资却比你过得更好，从而反思自己的赚钱方式以及向别人请教理财经验。

其次，如果自己没有进行投资的勇气，最好先拿出自己存款的很小一部分，这个比例控制在10%之内，这样就算你的第一次投资理财失败，你也不会有太大的损失。但是即使你在第一次的时候遭受了损失，也千万不能因此就心灰意冷，你可以向有经验的人请教或者更换一种投资项目试试。

理财宝典

储蓄存钱固然重要，这是为自己积累原始资金的最保险的方法，但是固守定额的钱就是笨人的赚钱之道了，要知道守财并不是理财，得先把钱"花"出去，让它为你带更多的钱回来。

第五课
幸福家庭理财方案

——扮演好家庭财务管理师的角色

幸福的家庭都是一样的，首要的一点是财力上有坚实的基础。女人是理财的天生好手，扮演好家庭财务管理师的角色，让日常消费、养老保险、孩子教育基金统统到位，这样的家庭就无后顾之忧了。

记账是最常见的理财技巧

任何一个伟大的旅行家都不可能离开指南针的帮助，就独自大胆地投身冒险。在投资理财的世界中，女性朋友同样需要指南针的指引。"凡走过的地方必定留下痕迹"，把理财过程中的每一笔开销以账目的形式记录下来，有助于我们在投资理财中辨明方向、调整策略，达到降本增效的目的。

经验表明，只有持续、有条理、准确地记录日常生活中的每一笔现金流，才能形成全面、准确的财务信息，进而制定科学的理财计划。在开始理财计划之前，养成记账的习惯，详细记录自己的收支状况，是很有必要的。

"收入－存款＝支出"，这是积累财富的黄金定律，只有增加收入，减少支出，个人积蓄才会越来越多。因此，在努力赚钱的同时，要努力做到不超支，拒绝购买不必要的东西，从而保持财务盈余，慢慢积攒下一笔不菲的资金。

挣钱不容易，如果自己再有花钱如流水的毛病，那么个人财务状况无疑会雪上加霜。最让人揪心的是，花费没有头绪，日常开支中经常花冤枉钱。摆脱这种不良局面，无疑可以通过记账来实现。很简单，养成记账的好习惯，掌握自己每天、每周、每个月的现金流量，随时追踪自己赚了多少钱，花了多少钱，买了哪些东西。根据财务状况，适时调整消费预算，合理安排日常开销，就容易花最少的钱，过上有品质的生活，而且还不会感觉手头紧张。

在一定时期内，每个人的可支配收入都是固定的，即使有再多的钱，如果失去了节制，甚至成了拜金女，也会捉襟见肘。通过记账做好家庭财务预算，是合理开支的基础。让我们看一个未婚女性的小账簿，来了解一下如何记账吧。

20012－08－24 礼拜一

今天又小花了一笔，欧珀莱活性育肤水 200 元，会员价：168 元。

朋友来店里，请她吃饭，本来是 90 几的，不过满 100 送 20 券，就凑成了 100 元。

共计：268 元。

20012－08－25 礼拜二

哈哈哈，今天我一分钱都没花，省吧！

共计：0 元。

20012－08－26 礼拜三

今天情人节，老公来接我咯，请我吃饭，花了不少，我自己又是一分没花。

实在太节省了。

共计：0 元。

20012－08－27 礼拜四

今天心血来潮又买了个十字绣，35 元，以后得考虑清楚再买。

共计：35 元。

20012－08－28 礼拜五

今天在家宅了一天，没开销。

共计：0 元。

20012－08－29 礼拜六

忽然发现家里日用品全体空仓，比如洗衣粉，牙膏……

去超市购买日用品，36.7元。

共计：36.7元。

20012－08－30 礼拜天

今天去拿礼品了，大熊，四件套，小挂件，哈哈哈，开心。

路上打车，花了22元。

和蓉球球吃晚饭，28元。

买了一瓶欧珀莱的莹白活性育肤乳200元，俺是会员，168元，但是化妆品真的好贵了哦！

共计：218元。

通过上面的实例可以发现，通过记账可以有效掌握钱是怎么花出去的，花到哪里了。经过全面权衡、判别，就能进一步明确下个时间段应该如何合理消费，减少花冤枉钱的可能。

生活中，哪些女性朋友应该立刻把记账提上日程呢？首先是糊里糊涂，不知道自己把钱花在哪里的人。其次是花钱没有节制的女性，为了虚荣心超前消费和过度消费。此外，刚刚步入社会或婚姻殿堂的人，以及有房贷、车贷的人，也有必要记账，提早做好消费支出记录与财务规划。

既然记账这么重要，我们就该立刻行动起来，把它落实到日常理财计划中，让自己少花冤枉钱，攒下更多资金。

最常见的方式是买一个小本子，通过手工记账。此外，还可以通过上网下载记账软件，或者在专业的在线记账网站，完成每日的记账活动。需要注意的是，选择记账软件的时候坚持简单、易操作的原则，别用复杂的记账工具，避免因为繁琐对记账失去兴趣。

至于账本记录的内容，也要坚持简单的原则，通常只要记下花了多少钱，买了什么东西，以及这次消费的意义就足够了。

第五课 幸福家庭理财方案——扮演好家庭财务管理师的角色

有的女人喜欢逛网店，平时在淘宝上闲逛，一不小心就会掏钱购买喜爱的宝贝。这些花费可能不多，看上去也很便宜，但是日积月累就是一笔不小的开销。而养成记账的习惯，并及时总结那些不必要的开支，就能逐步改变消费习惯，实现节流的目的。家庭理财，就来自于日常的点滴节俭。

理财宝典

通过记账的方式审视自己的消费行为，为自己的理财制定更详细和更实用的计划，控制自己的消费金额，可以节省更多的资金，用于长期的理财投入。

制定家庭理财模式

结婚之前，女人为自己忙碌；结婚之后，就要为两个人的生活打拼了。有了自己的家庭，你就会面对两个人的收入，以及如何合理开支，解决家庭消费的问题。不当家不知柴米贵，制定科学、合理的家庭理财计划，能帮你把家庭财务打理得井井有条，成为丈夫眼里的好主妇。

家庭理财的关键是有一份计划书，结合两个人的收入、消费特点，确立大项目开支的方向、小额开支的费用，从而让家庭理财具备可操作性。在此，我们可以从下面几点入手，制定家庭理财计划书，进而确定理财模式。

首先，要分析家庭的收益情况。收益是一个家庭理财计划的起点，包括家庭的主要收入、额外收入等内容。对固定收入有明确的判断，对额外收入有大致的预期，接下来制定理财计划就容易一些，也更实际一些。

其次，了解家庭的开支情况。一个家庭的维持需要有一些基本费用，比如每个月的水电费、物业费等，以及购置大件家具、家电等的费用。此外，夫妻二人的交通费，通讯费和交际费用等，以及孩子的抚养和教育费用，都是必不可少的支出。这些费用加在一起，构成了一个家庭的主要开销。了解了这些开销，做一个详细的预算表，可以帮助我们控制消费，节约资金。

一个家庭理财模式的确立，是根据家庭收支情况确立的。明确了收支状况，就能对家庭的经济实力和风险承担能力形成基本的判断，进一步制定适合自己家庭的理财模式。概括起来，不同家庭的理财模式大概可以分为以下几种：

（1）保守型

保守型是指夫妻二人的收入都比较低，所有收入用于日常生活，最后所剩无几。这样的家庭很少有闲置资金，家庭负担也比较重，很少会投资，也很难承担突如其来的风险。具体来说，刚结婚的年轻小夫妻，下岗职工的家庭，以及年龄较大的退休职工家庭，会采用保守型的理财模式。这类家庭的理财目标是尽量规避投资风险，保证家庭的每个月开销。在实际生活中，他们会选择银行储蓄这种风险较小的理财方式，也会尝试着购买国债。

（2）积极型

积极型的理财模式是指当事人在理财中敢于面对风险，在投资上比较敢作敢为。这类家庭大多有较强的经济实力，即使投资失利也不会影响到正常的生活。此外，他们的心理承受能力很强，不会因为损失影响自己的投资积极性。

如果你的家庭经济实力强大，收入比较丰厚，闲置的资金也很多，

第五课

幸福家庭理财方案

扮演好家庭财务管理师的角色

那么就可以选择积极型的理财方式。具体来说，城市白领阶层、中高产阶级家庭，或企业的管理层，都采用积极型的理财模式，大多会购买债券、汇市、基金等投资性的金融产品。

（3）稳健型

稳健型的理财模式是指金融储蓄和金融投资相结合的理财方式。这种模式比较适合有一定经济实力、有一定量资本积累，或者有可靠工资收入的家庭。这类家庭一般追求稳定的收益，注意规避风险，习惯把工资收入的大部分放进银行储蓄进行管理，而其余部分投入股市或者进行投资，争取获得更好的收益。

（4）冒险型

如果你的家庭负担很轻，心理上和财力上都愿意承担较大风险，并且希望在短期内改善家庭的财务状况，那么就可以采用冒险型的理财模式。这类模式会有较大的资金投入，适合处于创业期的年轻家庭。

从根本上说，这类理财模式是在进行高风险的投资，达到获得较大金融投资收益的目的。在投资方向上，一般会选择股票、期货、基金等具有较高风险的金融产品。

总之，上面四种理财模式适合不同经济状况的家庭，家庭的女主人必须摸清自己的实力，再选择合适的方案，从而实现最优的家庭财务规划。反之，如果作出了错误选择，很可能会面对极大的财务风险，让家庭财务状况雪上加霜。

此外，家庭理财模式没有绝对、固化的套路可循，一切都要随需而变。比如，有的年轻夫妇选择 AA 制的理财模式，照样活得有滋有味。在这种理财模式下，夫妻二人一方负责日常开销，一方管理子女的生活教育，双方在支出基本平衡的前提下，承担对应的家庭支出，剩余的资金作为自己的私房钱自由支配，互不干涉。

这样做的好处是，避免把家庭的全部资金投入到一个方向，减轻了遭遇财务危机时的尴尬局面。另外，分开支出还能在夫妻之间形成一种竞争的状态，激发双方理财潜能，得到最佳的理财效果。夫妻二人的理财优势各不相同，这样就能各展所长，往往能为家庭带来意外的惊喜。

理财宝典

理财模式也并非只有以上提到的几种，不管你是属于哪种家庭，只要能对自己的家庭资产进行客观、正确的评估，根据实际情况制定适合的理财计划，都是值得提倡的。

为子女准备教育资金

在很大程度上，教育资金是一种未雨绸缪的准备。不管是新婚的小夫妻，还是结婚已久的夫妻，都会为了孩子提供不菲的教育开支。尤其是让孩子出国留学，更需要大笔的费用，不提早准备资金是绝对不行的。

孩子是父母的希望，为子女准备教育资金就是为孩子的未来进行投资。父母们趁着自己年轻，还有赚钱的能力，帮孩子提早规划，准备好相应的物质基础，不但会帮孩子接受良好的教育，也能让自己在日后活得更轻松。

知识和教育是孩子开启人生的第一把钥匙。良好的教育不但能开启孩子的心智，帮助他们建立自己的优势，还可以开发其潜能，使其早日踏上成功之路。优秀的教育对子女来说是一笔无形的资产，这种

第五课——幸福家庭理财方案
扮演好家庭财务管理师的角色

资产不但能帮助孩子在以后的生活中获得较强的谋生能力，还能使他们具备完成代际财富传承的能力。许多老板、职业经理人把孩子送到国外接受良好的教育，目的就是让他们具备相当的国际视野和能力，准备接受家族事业、财富。

根据美国人口调查局资料显示，不论男女，完成四年大学教育的人，比那些没有接受大学教育的人，一生中可以多赚上百万元的财富。在力所能及的范围内，提早为孩子准备教育资金，这是家庭理财的重要内容。

这些都是投资在子女教育上可以预见的好消息，也证明了在子女教育上的投资的确是一项相当聪明的投资。但是尽管是一项聪明的投资，却无可避免地，必须面对子女教育这样一个人生重大的投资，最直接的挑战是来自于在财务上的花费，而且这个花费一直不断地在增加。

因此，提早为子女准备一份教育资金是初为人父母的人们不得不考虑的问题了。因为你的教育资金情况会决定你的孩子在今后接受的教育机会，也就决定你孩子的未来，必须重视子女的教育经费问题，并且有计划地进行储备。最重要的问题之一就是如何进行储备。

陈女士今年45岁，是一名钢琴教师，老公是某著名IT企业的高管。家庭的年收入大概150万元，有三套房产，其中一套自己住，两套出租，没有房贷按揭，市场价约240万元。女儿现在10岁，正在上小学，计划以后出国留学。另外，还有一个刚满周岁的儿子。陈女士有社保，老公有社保和补充商业保险，没有其他商业保险，子女都没有商业保险。

经过一番考虑，陈女士制定了这样的家庭理财目标：

（1）10年内为女儿、儿子准备足够的教育储备金。

（2）将部分房产根据市场行情择机出手，让手上有足够的现金。

（3）投资一些安全性和灵活性较强的金融产品，实现财富的稳定增长。

（4）3年内储备好退休金，在50岁退休后，每月除社保养老外，能获得等同于当前1.5万元的生活费用。

很明显，陈女士面临的最大问题就是子女的教育基金。对她来说，应该怎样制定合适的教育资金储备计划呢？

以美国为例，教育费用自1995年以来，增加的幅度远远超过一般平均生活费用增加的幅度。在过去的15年间，公私立学校的学费比一般消费物价水准上涨了2~3倍。这种情形在中国也存在，并且有过之无不及。对此，我们应该如何规划孩子的教育资金呢？最根本的是，要想清楚下面几个问题。

第一，孩子的年龄多大，上学后每个阶段大概要花多少钱？上大学后资金的来源是什么？

第二，除了工资收入，家庭还有没有其他收入来源？

第三，目前家庭储蓄多少钱？投资多少钱？收益如何？

第四，如果已经开始筹备子女的教育资金，需要用的时候会不会贬值？

第五，工资收入不够多，有必要进行投资，有哪些合适的金融投资产品？

第六，多长时间调整一次子女的教育计划？

毫无疑问，当孩子将来的教育资金化成一个庞大的数字，我们就不能寄希望于工资收入的储蓄了，必须选择合适的金融投资工具，为子女的教育积累资金。

众所周知，股票投资是长期报酬最好的工具，也是最值得选择的投

第五课

幸福家庭理财方案

扮演好家庭财务管理师的角色

资工具。但是不得不承认，股票市场诡谲多变，即使理财专家进行股票
投资，也要面对很高的风险，一旦失败会遭遇惨重的损失。因此，为子
女准备教育资金，以及进行投资，必须规避风险。尽可能多选择几种投
资工具，保证家庭资产不会一次性被套空，是一个重要的投资原则。

此外，要对投资做定期调整，哪怕你的教育资金投资保持着很好
的收益。这个调整是根据孩子的年龄和受教育情况的变化来制定的，
其目的就是适应孩子现在的教育，为今后的教育做准备。比如，孩子
接近大学教育阶段，就有必要进行调整，因为大学后的费用将会增加，
而且这样做也是为了应对出国留学深造的高昂费用。

理财宝典

不管家庭财力雄厚，还是生活拮据，年轻的父母朋友都应该提早
进行教育资金投资，给孩子更多选择的机会，也铸就他们一生的成功
起点。

谙熟家庭税务操作技巧

税收是现代文明的一种必然结果。向国家纳税是每个公民应尽的
义务，按期交付税款更是义不容辞的责任。不过，从理财的角度来看，
掌握家庭税务操作技巧，学会合理避税，可以帮我们节省一笔资金。

随着法律法规的完善，家庭付税的机会日渐增多，这在一定程度
上成为一项家庭财务负担。许多时候，合法、合理地做出减税安排都
是有利无害的，而且是绝对无风险的省钱方法。不论你做什么生意，

从哪个行业赚钱，合法避税都是现代人理财的高招。

在国外的电影中，我们经常看到这样的情景：一到年底，很多人（当然大多是高收入者）会请来一位会计师为自己计算应缴纳多少税，并尽可能少缴一点。在这里，这些会计师的主要任务就是合理避税。坦率地说，合理避税就是在对税法有深入了解后，合法地尽量少缴纳税款。

以我国的劳务报酬所得税为例，劳务报酬所得属于一次性收入的只征收一次税；属于同一项目连续性收入的，按月计算，每月征收一次。这其实没有什么问题。但是经过计算，把一笔大的劳务收入分成几个月收取，每月缴纳税款、应缴纳的个人所得税税额会有一定下降。下面，我们通过一个实例看看其中的玄机。

A 设置模式：一次收费，一次交税

纳税人甲和纳税人乙分别一次性（这个很关键）从外单位取得技术咨询费 5000 元和演出出场费 30000 元。那么他们分别应缴纳税款：

甲：应纳税额 5000 × （1 - 20%） × 20% = 800 元

乙（因为金额较高，所以计算也复杂）：

（1）应纳税所得额 30000 × （1 - 20%） = 24000 元

（2）应纳税额 24000 × 20% = 4800 元

（3）应加成征收税额 （24000 - 20000） × 20% × 05（加征 5 成） = 400 元

乙总计应纳税 4800 + 400 = 5200 元

甲和乙分别应缴纳税款 800 元和 5200 元。B 设置模式：分开按月缴纳

甲分 2 个月收取 5000 元（每月 2500 元）；乙分 3 个月收取 30000 元（每月 10000 元）。

甲每月应缴纳税款为：（2500 - 800）×20% = 340 元

那么，2 个月总共应缴纳税款就是：2 × 340 = 680 元，比原来少缴纳了 120 元。

乙每月应缴纳税款为：10000 ×（1 - 20%）×20% = 1600 元

那么，3 个月总共应缴纳税款就是：3 × 1600 = 4800 元，与原来相比，少缴纳了加成征收税额。

如果按照 B 模式，甲的 120 元和乙的 400 元就不会征收，这就是合理避税。

实际生活中，这种避税方法是很实用的，可以帮助人们节省一笔不菲的开支。对家庭女性来说，怎样做到合法避税呢？

首先，可以优先选择教育储蓄。因为在我国教育储蓄的利息所得将免征个人所得税，也就是说教育储蓄是一种"免税"储蓄。教育储蓄将定向使用，是一种专门为学生支付非义务教育所需的教育基金的专项储蓄。教育储蓄的利率享受两大优惠政策，除免征利息税外，其作为零存整取储蓄将享受整存整取利息，利率优惠幅度在 25% 以上。

其次，可以货比三家买企业债券。企业债券也属免征利息税的投资品种，且利率要比同期的银行利率高出 1~2 个百分点。现在市场上发行的企业债券较多，工薪族可选择资信度在 AA 级以上，有大集团、大公司作担保的、知名度较高，最好还能上市的品种作为自己投资组合的品种。

再次，购买人寿保险。对于人寿保险，因其是一项和人民生活福利保障息息相关的行业，政府当然会鼓励、扶持。所以在赔偿税收政策方面相应的采取了免税的政策。比如，一位 39 岁的当事人，投保其分红险共计 10 万元，年交保费 8680 元。在第 5 年，他获得分红 2 万元，之后又不幸因意外事故身亡，其投保书上的受益人指定为"法定继承人"。那么，除了他第一次获得的 2 万元分红可以全部免税外；当事人身亡后，其受益人所获的赔偿金也可全额免税。购买人寿保险，不让自己一辈子辛辛苦苦积攒下来的财产"缩水"，这种理财方式已经得到了更多人的认同。

最后，工薪阶层要学会合理避税。如果你是打工族，老板要付给你薪水。这些钱作为个人的一种收益，当然要交税。但是，如果公司为你提供专车，你就节省了交通费；公司为你提供工作服，你又节省了服装费；给你免费医疗，你生病时又节省了医药费。这些利益虽然不等于你的现金收入，却满足了你特定的物质需要，而且不用交税，因此可以成为普通人理财的一种策略选择。

总之，家庭财务消费内涵广泛，涉及到庞大的资金支出，自然会产生税务操作。为此，我们要掌握避税技巧，尽可能节省每一分钱。

理财宝典

挣钱难，省钱更难，在合法范围内少缴税，实际上就是一种省钱的方式。最重要的是，你要找到专业人士的帮助，从中得到有益的建议，并执行到位。

家庭信贷消费大有学问

2003 年国家统计局在北京、山西、辽宁、江苏等 10 个省市区，随机抽选了 5000 户城市居民家庭，进行了城市居民收入预期和消费意向调查。这份调查表明：信贷消费被半数以上的家庭接受，住房、教育和医疗成为最重要的消费项目。在对消费信贷所持的态度方面，有7.2%的居民表示完全赞同，并且已经尝试过；有26.1%的居民表示完全赞同，但是还没有尝试过；有20.9%的居民表示可以考虑。由此可见，信贷消费在家庭理财中正占据越来越重要的地位。

家庭财务管理离不开借贷，或者向亲人、朋友借钱应急，或者向银行贷款进行大额消费、投资。总之，只要不是弄得自己债台高筑，负债累累，借钱确实可以满足不时之需，可以增加家庭的财务自由度。

因此，幸福家庭的理财方案，少不了借贷消费这个主题。通过借贷，你可以在最短的时间里解决资金难题，让自己的投资获得资金保障。具体来说，借贷消费可以为我们带来两大便利：

第一，提前过上品质生活。只要家庭财务能力充裕，在手头资金不完备的时候，我们可以通过借贷提前消费高档商品、耐用商品，比如房产、汽车等。今天，这种贷款消费已经非常流行，它极大地提升了人们的生活品质，也促进了经济发展。

第二，抓住稍纵即逝的投资机会。借贷运用得好，同样可以投资致富。与积累投资相比，借贷投资无疑是一条捷径，它省去了资本原始积累的漫长过程，能够帮你在投资机会面前顺势而为，获取不菲的收益。时间就是金钱，如果凡事都要等到存够了钱再去行动，恐怕机会已经从你身边溜走了。

不可否认，信贷消费毕竟是一种债务，要综合考虑家庭财务能力，避免发生财务危机、降低生活品质。

孙小姐从银行贷款十万元买了一辆"宝来"轿车，可每天只是上下班用车，从家里到工作单位还不到2公里，其他时间车子基本上闲置着。

王女士虽然家中生活并不宽裕，仍然去银行办理了消费贷款，买了一台背投式大屏幕彩电。但随之而来的是，每月工资大部分都用来支付贷款本息，一家人的日常生活捉襟见肘。

小赵结婚前贷款买了房，结婚时又借了钱办婚礼，贷款蜜月旅游。一通热闹过后，小两口一算账吓了一跳，今后20年内都得勒紧裤腰带过日子了。

由此可见，进行家庭信贷消费的时候，必须综合考虑问题，既要满足个人物质需求，又要周密计划未来一段时间的收入。让信贷消费成为家庭理财的好帮手，是我们的最终目的。那么，信贷消费有哪些问题需要注意呢？

（1）必须有及时偿债的能力

既然借了款，就会有偿还的那一天。这个时间可能是按月还小额贷款，或者是一年以后全额还款。总之，要正确评估自己的偿债能力，然后再根据财力状况借贷消费。

（2）坚持科学合理的消费

信贷消费的目的是通过借钱换取时间和空间，提升生活品质。这笔钱迟早是要还的，不可以无限制地消费，以及胡乱消费。否则，一旦超过了还款限度，必然让自己陷入财务危机，那就得不偿失了。

（3）计算利息的数额大小

如果是向财务机构和银行借贷，你就要支付相应的利息。如果利息高昂，那你通过借贷所赚到的钱就会打个折扣。借的时间越久，利息就会越高。此外，投资一旦失利就会无力偿还本金，投资高风险项目，又看错市场的话，就有可能一夜之间将所有的借贷输个精光。

（4）借贷大有学问

一是选择银行利率低的时候进行借贷，这样借来的钱需要很少的利息，却能为你创造很大的价值。二是在通货膨胀的时候进行借贷，通货膨胀的时候物价飞涨，手上的钞票购买力会降低，这时候可以选择向银行借贷。三是有了成熟的投资计划时借贷，因为没有计划借钱出来，借来的钱又没有实际的用处，就会影响自己的还贷和加重生活负担。

理财宝典

家庭理财中，不可能每一种消费都是由积累资金实现，适时和适当的借贷会减轻你的财务负担，提早享受高品质的生活，并赢得创造更多财富的机会。

控制好休闲娱乐支出

今天，休闲娱乐在我们的生活中占据了越来越重要的位置。喜欢玩是人的天性，而良好的休闲娱乐方式能帮人们保持良好的心理状态，对健康有益。此外，日常聚会，人际交往，也少不了休闲娱乐，它已经成为社交的一种必要手段。于是，为此支出的费用在家庭消费支出中所占的比重也越来越大。这里就有一个如何掌控限度的问题。

张女士是一家企业文员，月收入3000元；老公是一名机械工程师，月收入6000元。夫妻二人新婚燕尔，已经开始持家过日子了。但是，年轻人总会有一些娱乐性的消费，每个月除了2000元的基本生活开销外，还有2500元娱乐、购物的费用。时间一长，这笔费用时不时地还会超支，再加上每个月供房的3000元，他们每月所剩下的可支配收入只有2000元左右。

老公的公司业绩不错，年终奖金 15000 元，不过这笔钱需要用来支付一份分红险，年缴费 1 万，缴费时间为 10 年。因此，年终奖金最后只剩下 5000 元。此外，老公在结婚前曾经炒股，但是为了置办婚礼，就"割肉"清仓了。举行婚礼的时候，他不仅将股市撤出的钱花光了，还刷了 1 万元信用卡欠款，现在家庭净资产其实是负数。

夫妇二人想在明年要个孩子，因此都比较担心今后家庭财务的抗风险能力，所以他们咨询理财专家，作出了家庭财务新规划。

专家表示，小俩口新婚燕尔，以目前的财务状况看，是花了明天的钱办现在的事。从目前的消费支出来看，有必不可少的支出是 2000 元的基本生活开销，3000 元的供房费，10000 元的银行透支还款，都是必不可少的。为此，只能大幅削减娱乐购物的费用，降至 500 元到 800 元之间。

从上面的事例中不难看出，张女士夫妇的休闲娱乐的费用过高，给家庭财务支出带来了沉重的负担，因此有必要削减。

罗曼·罗兰曾说过这样一句话："生活是一首交响乐，生活的每一时刻，都是几重唱的结合。"生活中，家庭休闲娱乐方式多种多样，与其拘泥于某种需要高额费用的项目，不如转移视线，从游泳、登山、划船、垂钓、打球、探险、蹦极、收藏、书画等丰富多彩的消费娱乐形式中体验闲情乐趣。

（1）减少不必要的娱乐开支

在我们身边，有些人虽然挣得多，但却一直喊穷，时而抱怨物价太高，工资收入赶不上物价飞涨的幅度，时而又会自怨自艾，恨不是生在富贵之家。是什么原因使这些高收入者捉襟见肘呢？原来他们在休闲娱乐上投入了过高的费用。适当减少这方面的开支，换一种生活方式未尝不可。

（2）同事间的应酬和请客要有节制

有了邀约，不用每次都去，也不必每次聚会都是自己买单，与其打肿脸充胖子倒不如为自己的钱包多省点粮食。无节制的应酬并不会为你的工作带来质的改变，反而会影响身体健康。

（3）减少购物量

不管是在结婚后还是结婚前，女人大都喜欢逛街购物。不过，有时候可以从闲逛中打发时间、满足眼球的欲望。最重要的是，从逛街中获得一份闲适的心情，而不只是得到物欲的满足。相反，有人陷入了频繁购物的恶性循环中，才是饮鸩止渴的行为。

理财宝典

休闲娱乐支出的减少能节省支出，增加资本积累，也能杜绝过度消费的坏习惯，避免形成对奢侈品的过度追求。

频繁跳槽让财富快速流失

跳槽是稀松平常的事情，也是职场永不停休的主题。给自己寻找一个更合适的平台，有助于个人才能的展示，也会带来薪水的大幅提升。但是，有的女性朋友频繁跳槽，缺乏理性的目标和发展计划，结果失去了专注提升才干、增加经验的机会，这未尝不是一种损失。

渴求能够快速成功，想在最短的时间内达成目标，或者花费最小的心力实现财富的快速积累，这是人之常情。但是，如果不顾实际频繁跳槽，势必与初衷背道而驰。可以说，当跳槽成为一种习惯的时候，你会发现自己在哪个单位、哪个行业工作都不开心，这表明跳槽阻碍了你的事业发展，就更别提财富增加了。

从毕业开始，不到半年，小梅已经换了两份工作。前一份工作不仅待遇不好，而且每天无所事事，都是做些打杂的活，小梅觉得太埋没才华了，于是很快找了第二份工作。在新公司，虽然工资多了一点，但是工作量也很大，经常需要加班，结果连与同学聚会的时间都没了。最后，小梅又换了第三家公司，这里虽然没什么压力，但是待遇大不如前，很多福利也没有。没过多长时间，小梅再次选择了离开。忙了一年，小梅手头上没攒下一分钱。

频繁跳槽不仅会让人失去工作经验的积累，也断送了增加储蓄的可能。这是因为，不能在一个公司静下心来好好工作，个人才能就无法充分展示，业绩也不会有很大提升。最后，你得到的报酬也就不会很高。加上跳槽期间没有收入，还要付出额外的交通费、电话费、服装费用等，这等于你的个人财富在流失。

相对比而言，小金毕业后一直在一家小公司，虽然待遇不怎么样，但可以学到不少东西。尤其对小金这种职场菜鸟而言，除了专业知识外，工作方法、工作态度以及与人交际等方面，她都觉得自己很欠缺，需要好好学习。因此，小金打算在一年内多学些本领，提升自己的能力，然后换份好工作。

日常工作中，小金秉着虚心好学、勤劳苦干的精神，渐渐与同事们打成一片，顺利通过了试用期。就在年底拿年终奖时，经理特意把小金留下，告诉公司方面决定提升她为办公室副主任。这可真是个大惊喜啊，比自己更有资历的同事很多，怎么会轮到自己这个新手呢？原来，经理看中的就是她的虚心和好学，希望小金能留下来好好发展，日后向管理层挑战。

考虑再三，小金决定接受经理的邀请，暂时打消辞职念头。虽然公司规模不大，但还有很大的发展潜力，而且与她的专业很吻合。小金想，既然不能做大海的虾米，那就做小池塘的大鱼吧！获得职位提升后，小金的工资翻了一番，和同龄人相比也算是高收入了。

小金耐得住初入职场的艰辛和寂寞，专心学习，累积工作经验，同时也能很好地调整自己的职业发展计划，由此获得了职位提升，也实现了个人财富的快速增加。

对刚进入职场的年轻女性来说，一切都要从头开始，以甘当小学生的精神熟悉岗位规则，掌握行业发展技能，累积人脉关系。经过一段时间的积累，个人才华充分展示出来，就会迎来收获的季节。

当自己在工作中遇到了困难，出现了是另觅高就还是原地观望的困惑的时候，不妨仔细审查自己的实际状况，决定是不是要跳槽，否则会形成恶性循环，造成严重的后果。

在上面的故事中，小梅因为对现有工作不满，所以频繁跳槽。但每一次跳槽后，她没有踏踏实实地做事，增加专业经验，反思自己存在哪些不足，而是根据个人喜好选择工作单位，结果在时光流失中丧失了一切。频繁跳槽，会浪费在原有公司积累的各种资源，而且永远从新手开始做起，自然难以得到职位提升与薪水增加的机会。

财富的增加是一个积累的过程，它需要我们先累积工作经验，增加劳动技能，进而获得职位的提升，并伴随着薪酬的增加。因此，我们有必要认真、理性地设计个人职业发展规划，这是理财的应有之义。

理财宝典

频繁跳槽会带来许多消极后果，它不但让你偷师不成，还丧失了累积人脉、经验、技能的机会，这都是个人财富的白白流失。

第六课
玩转金融投资工具

——聪明女人让钱生出更多的钱

如果你不会赚大钱，那至少要会存钱、生钱。今天，我们身边有许多金融投资工具，从信用卡到保险，从股票、外汇到基金、国债，只要用心研究它们，给手上的资金找到栖身之所，就能实现"钱生钱"的目标。

信用卡：用银行的钱买单

信用卡具有储蓄、支付、结算、信贷的功能。现在很多人都持有信用卡，如果仅仅把银行卡当作是存取款的工具，那简直是太"冤枉"它们了。其实从普通的借记卡到可以"先消费，后还款"的信用卡，都各具特色，若使用得当，不仅可以享受更多便捷，还可以帮持卡人省钱，实现个人理财的目的，充分享受现代"卡式"生活。

（1）跨行交易认准银联标志（包括境内外）

不同银行发行的银行卡能够在带有银联标识的 ATM 机和 POS 终端上统一存取款或消费。客户取款或刷卡，不用再像以前那样，在各种银行卡标识中寻找自己所持有的那一种卡，而只要认准标志即可。

（2）牢记 95516 和发卡银行客服电话

在用卡过程中一旦出现无法解决的问题，及时拨打中国银联的客服电话 95516 和发卡银行客服电话，以减少不必要的损失。

（3）多刷卡可以免年费

信用卡每年所收取的 150 元或 300 元的年费常常令办卡人觉得是一笔过高的额外开销。这样看来办信用卡似乎不划算。然而，在目前国内的信用卡市场，各大银行都有推出一年中刷卡若干次，即可免年费的优惠政策。这样说来，其实在国内信用卡的持有和使用基本上算是免费的。

（4）信用卡是商旅好帮手

经常出差或是喜欢出去旅游的人，会对信用卡更为钟爱。习惯用信用卡通过各大旅行网来订机票，手续简便而且可以详述免息的优惠。更多的，也避免了携带大量现金出行的麻烦。此外，信用卡在异地刷卡使用也是免手续费的。

（5）用信用卡理财

近年来基金大热，却也有很多人苦于缺少资金不知从何入手。信用卡持有人其实也可以通过信用卡定期定额购买基金，可以享受到先投资后付款及红利积点的优惠。在基金扣款日刷卡买基金，在结账日缴款，不仅可以赚取利息，还可以以零付出赚得报酬。但是，必须说明的是，这种借钱投资的风险也是非常大的，而且不适合用来做长线投资。

（6）注意农村信用社银联标志，边远地区也可跨行用卡

通过中国银联交换网络，在具有银联标志的全国县及县以下农村信用社柜台可以进行银行卡取款和查询，充分利用遍布农村乡镇的农信社网点资源为农民工提供方便、快捷、优质的银行卡服务。

（7）使用银联网络及时对信用卡跨行还款，免去利息费用

只要持有已开通跨行还款的入网机构的银行卡，便可随时在具有银联网络的 ATM 机进行自助操作，轻松完成银行卡跨行转账，交易资金瞬间从一张银行卡账户划入另一张银行卡账户，实时到账，方便快捷。

（8）巧用免息期

在刷卡消费、充分享受免息透支带来的快乐时，也要清楚记得还款日期。如果没有按时还款，不少信用卡会将你的免息期的利息一并算回，而且还要缴纳滞纳金、超限费等，这相当于"高利贷"。不及时还款，还可能影响你的信用记录，涉及官司的还可能进入金融系统

的"黑名单"，在你办理房子按揭贷款等业务时都会受到影响。

（9）最低还款须还足额度

一般比较推荐持卡人按账单金额全额还款（当然如果曾取现，按账单金额还款也是不够的）。如果资金有其他安排，不打算全额还款，可一定要还足账单上显示的"最低还款额"。只要还足了"最低还款额"，银行即视持卡人为正常还款客户。如果没有还到"最低还款额"，即使金额很少，银行也会认为持卡人是拖欠客户。而且根据中国人民银行的要求，银行有义务每月如实上报客户的资信情况。为了未来享受车贷、房贷服务，持卡人一定要重视自己的信用记录。

（10）用好自动还款和分期付款服务

如何解决既用足商业银行提供的透支免息期，又避免遗忘还款而导致银行收取高额透支利息呢？最佳选择是使用商业银行提供的自动还款功能，通过与银行签订自动还款协议，在透支免息期到期日由银行自动从本人指定账户扣划归还透支款项，但要保证指定的还款账户在还款日有足够的存款可以扣划。如果短期内无法偿还到期款项，可分期还款，指定最低还款额，并在一定期限内还清。

理财宝典

巧用信用卡，将其变成个人理财的工具之一，不仅可以享受诸多的便捷，还可以帮忙省钱以及享受银行为持卡人提供的增值服务。巧用银行卡，学会用明天的钱改善今天的生活。

第六课　玩转金融投资工具
——聪明女人让钱生出更多的钱

保险：给人生系上安全带

　　现代女性往往身兼数职，在外要努力工作，为自己挣出一片天；在内要关心家人、守护家人，他们却忘了要保护自己。新时代的女性应该给自己一些特殊保护，投适合自己的险种，为自己的未来负责。

　　在一些发达国家，如美国、英国、日本，保险已经深入人心。每个家庭都有预备，有病时只需要担忧心灵上的创伤，而不需要为财务上多做担忧。如果能在健康而富裕的时候为家人购买保险，患有疾病之后，如果一部分的医疗费用可以由保险公司报销，生活就不会那么艰难。显然，与男人比较起来，保险要来得更可靠。在许多女人眼里，保险最让人信得过，是一位从来不会背叛的情人，即使遇到再大的风雨和磨难，保险也不会离你远去。

　　"别人都说我很富有，拥有很多财富。其实真正属于我个人的财富是给自己和亲人买了足够的保险。"

　　听到大"财女"张欣说出这样的话，朋友们都睁大眼睛问："什么？保险能等于财富？"没错！保险能够在你的生命、财产、健康等受到危害时给予你一定的赔偿与帮助，它不也是一种投资吗？在后半生等到你的生命、财产、健康出了问题时，你就知道它是一项多么有益的投资方式了。所以说，保险也是一种十分稳健的投资方式，它能为你带来十分不错的经济回报。

　　从现实来看，保险也是有自己的特殊需要的，有些保险是根据女性的生理特点与社会特性而为女性量身定做的，更有针对性，如果选对了，你的后半生不仅有了保障，而且它也可以转化为你的个人财富。

买保险要综合考虑个人的保障需求、保险公司的经营业绩以及保险代理人的服务质量等。下面介绍一些保险常识：

（一）保险是什么

从广义上说，保险包括有社会保障部门所提供的社会保险，比如社会养老保险、社会医疗保险、社会事业保险等，除此之外，还包括专业的保险公司按照市场规则所提供的商业保险。

狭义上说，保险是投保人根据合同约定，向保险人支付保险费，保险人对于合同约定可能发生的事故，因其发生所造成的财产损失承担赔偿保险金的责任。或者当被保险人死亡的时候、伤残的时候或者达到合同约定的年龄、期限的时候承担给付保险金责任的商业保险行为。这里主要讲的是商业保险，而不是我们说的社会保险。

（二）保险有哪几类

（1）按保险标的或保险对象划分

按保险标的或保险对象划分，保险主要分为财产保险和人身保险两大类。这是最常见的一种分类方法。

①财产保险。财产保险以物质财产及其有关利益、责任和信用为保险标的，当保险财产遭受保险责任范围内的损失时，由保险人提供经济补偿。财产分为有形财产和无形财产。厂房、机械设备、运输工具、产品等为有形财产；预期利益、权益、责任、信用等为无形财产。

②人身保险。人身保险以人的寿命和身体为保险标的，并以其生存、年老、伤残、疾病、死亡等人身风险为保险事故。在保险有效期内，被保险人因意外事故而遭受人身伤亡，或在保险期满后仍然生存，保险人都要按约给付保险金。人身保险包括人寿保险、人身意外伤害保险和健康保险等。

（2）按保险的实施方式划分

按保险的实施方式划分，可分为强制保险与自愿保险，或者商业保险与社会保险。

强制保险与自愿保险。强制保险是国家通过立法规定强制实行的保险。强制保险的范畴大于法定保险。法定保险是强制保险的主要形式。自愿保险是投保人根据自身需要自主决定是否投保、投保什么以及保险保障范围。

商业保险与社会保险。商业保险又称金融保险，是指按商业原则所进行的保险，以赢利为目的。社会保险是指国家通过立法强制实行的，由个人、单位、国家三方共同筹资，建立保险基金，对个人因年老、工伤、疾病、生育、残废、失业、死亡等原因丧失劳动能力或暂时失去工作时，给予本人或其供养直系亲属物质帮助的一种社会保障制度。社会保险按其功能又分为养老保险、工伤保险、失业保险、医疗保险、生育保险、住房保险（又称住房公积金）等。

总之，保险是一种特殊商品，不但投资金额巨大，而且时间长远。因此，女性朋友购买保险，必须慎重选择险种。保险种类很多，应根据自己的实际情况选择自己最需要的。比如同是养老保险，有的是在交费时就确定领取年龄，有的是在领养老金时才确定；有的是月领取，有的是年领取，有的是一次性领取，有的是定额领取，有的是增额领取。同是防重大疾病保险，有的观察期是180天，有的是1年，有的是3年，如果仅凭一时冲动投保而没有相互进行比较分析，往往不能买到合适的保险。

在众多保险中，女性朋友一定要重视健康保险。医学证明了人的一生患上"重大疾病"的可能性非常高，沉重的医疗费、护理费、误工费、生活费成为全家沉重的包袱，很多人因负担不起而延误了治疗的时机，最后伤及生命，也许美满的生活就此止步。

社会医疗保险定位于提供基本的医疗保险，而且费用支付最高限额只有当地职工年均工资的 4 倍。即使参加了基本医疗保险的职工，如果住院治疗重病或者大病，超出的治疗费用需要通过补充医疗保险或者商业医疗保险途径才能解决。超出基本医疗保障的医疗保险需求仍然需要借助于商业医疗保险来解决。

此外，在保险投资理财中，还应避免走进某些误区。投保容易索赔难，难在"霸王行为"。因此，我们要注意保险消费中的常见陷阱，以保护自己的权益。

理财宝典

"保险是为中产阶级服务的"，这一说法提醒我们，如果想保持较高的生活水平，只靠社会保险并不够，还需要商业保险的支持。在国外，商业保单是和房产、汽车并列的高档消费品。一个人在其一生之中，从 20 岁到 60 岁大约 40 年的时间有收入，因此他必须考虑如何将这些收入连续地分配到没有收入的时间中去，而保险是最适合这种需要的一种投资方式。

股票：高风险与高回报的博弈

如果说，天地是人生的一大舞台，那么股市就是人生的一个小天地。这里也上演人生的悲喜剧。如果说女性是社会的半边天，那么女股民就是股市的"半边天"。

股票原始投资的目的，是要取得股票所附带的参与的权利。购入股票后，即成为该公司的股东，享有领取股利、出席股东大会等权利。正是如此，股票才有价值，人们才愿意拥有股票，股票因之才具有流通性，易出手变现。不过，目前投资人在投资股票时，多不期望取得该公司股东所享有的出席权利，而是着眼股票增值上扬的获利。

具体来说，购买股票的收益可以分为以下几个方面：

（1）分红派息

发行股票的公司每隔半年或一年，根据本公司的经营情况从利润中拿出一部分，按股份比例分给股东。如果公司经营情况不错，那么每股的分红可以在一元左右，而如果公司经营情况一般，可能每股只有几分。在前一种情况下投资所分得的红利可能比银行利息高出了很多，这也是股票吸引众人的原因。

（2）送股

例如一个公司的送股方案是10送10，就是每10股送10股，如果投资者原来持有1000股该公司的股票，送股以后该投资者持有的股份增加了，说明了公司将它的利润用在了扩大再生产上，持股者拥有的公司资产增加了。这样一个公司的股票发行数越来越多，股份越来越大，说明这个公司发展快，有更多的人愿意持有它的股票，它的股票行情也会越来越被大家所看好。

（3）配股

配股是上市公司根据公司发展的需要，依据有关规定和相应程序，旨在向原股东进一步发行新股、筹集资金的行为。在沪深市场交易中，送红股、红利可不经过委托直接被划到投资者股东账户上，但配股需要交费，所以如果未做委托，那么就以投资者"放弃"处理，不能自动给投资者配售。沪深股市的上市公司进行利润分配一般只采用股票红利和现金红利两种，就是通常我们听到的送红股和派现金。当上市公司向股东分派股息时，就要对股票进行除息；当上市公司向股东送股东红股时，就要对股票进行除权。

（4）资本利得

也许有很多人在购买了股票没有多久就卖掉了，期间没有分红和送股，但是你的购买价是每股 3 元，而卖出价是每股 10 元，这个买卖差价我们叫做资本利得，是投资人购买股票的一种重要收入。

股票市场是一个迷人的地方，它造就了无数的财富神话。它可以让你大赚一把，也可以让你赔得血本无归。当人们在为变化莫测的价格曲线着迷的时候，股票散发着的魅力正在吸引越来越多人加入其中。

"股市有风险，入市须慎重。"对于股票投资者来讲，风险控制永远比获取利润更为重要。而对于某些投资者来讲，却没有任何风险控制的意识，尤其是很多新股民（包括不少老股民），大都是抱着"到股市里面捡钱"的想法而入市的，对投资股票的风险几乎没有任何认识。他们永远关心的只是"该股能涨多少"，却从来不关心"该股会跌多少"。可见，这种没有任何风险控制的投资，往往最终使得自己损失惨重。

作为投资者，股民必须要对股票的投资有一定的风险控制策略，也只有这样才可能避免股市的残酷和无情。对于个体投资者而言，成功的风险控制主要分为以下几点：

（1）掌握必要的证券专业知识

股民要了解起码的股票常识。必须熟读五本以上与股票相关的书籍，不止熟悉股票投资的相关用语也能看到股票投资的光明前程。别人觉得不错的书籍，大可买回仔细阅读，不知不觉间功力就会大增，后面的内容也能很快融会贯通了。

（2）坚守停损卖出

停损卖出是让损失降到最小，获利放到最大的几个秘笈之一。就算失败了九次，只要有一次成功，就能获得大胜。要做到这一点，必须坚守停损卖出才可能达到。即使是那些炒股高手，在设定了停损点，停损卖出时也绝不踌躇。但是投资股票赔的人比赚的人多多了，这都是没有坚守停损卖出原则的结果。

（3）树立自己的原则

股票投资没有正确的答案，只要适合自己就行了，这就是原则。不同的人、不同的倾向、不同的环境，会造成不同的投资要件。一个固定的原则反而成了无用之物，因此才会需要个人独有的原则与买卖技巧。譬如，家庭主妇和上班族的未婚女性，投资原则就完全不同，就更不用说所谓的炒股高手了。树立个人独特的原则，是股市投资的重要课题。

（4）认清投资环境，把握投资时机

关心国家宏观经济形势和有关证券市场的法令、法规、政策，它们对股市有很重要的影响。一是宏观环境，股市与经济环境、政治环境息息相关。当经济衰退时，股市萎缩，股价下跌；反之，当经济复苏时，股市繁荣，股价上涨。二是微观环境，如果你入场时机把握不好，为利益引诱盲目进入建仓，却不知正好赶上了一波涨势的尾部，那么牛市你也会亏钱，甚至亏损得十分严重。

（5）心理上要有一定的认识

要看到伴随着高收益的高风险，不少股民在股市上都是赔钱的，因此要做好"利益自享、风险自担"的心理准备。在挫折面前，不怨天尤人，不灰心丧气，否则就会影响您的判断力，做出错误的决定；而如果您能保持冷静、理解地研究行情、分析技术指标，您将能避免不必要的损失，并由此获得比较丰厚的收益。

（6）确定合适的投资方式

股票投资采用何种方式因人而异。一般而言，不以赚取差价为主要目的，而是想获得公司股利的多采用长线交易方式。平日有工作，没有太多时间关注股票市场，但有相当的积蓄及投资经验，多适合采用中线交易方式。空闲时间较多，有丰富的股票交易经验，反应灵活，采用长中短线交易均可。如果喜欢刺激，经验丰富，时间充裕，反应快，则可以进行日内交易。理论上，短线交易利润最高，中线交易次之，长期交易再次。

（7）只有持股才能赚大钱

"长线是金，短线是银"。这句话是股市中流行了多年的经典。有人说想在股票市场赚大钱，必需学会持有股票的本领。不管你是否有水平研究指数，是否有水平选择股票，真正能使你赚到钱的真功夫就是如何持股。如何持股的道理可不像研究指数、推荐股票那样，几句话就说的明白的，它需要长期的投资经验积累，心理素质的不断提高，使用控制风险的有效方法。这一点真正道出了股市投资的真谛，股市投资只有持股才能赚大钱，想靠调整市中的抢反弹来增加利润和弥补亏损，本身就已经掉进了主力的陷阱。

（8）企业价值决定股票长期价格

这句话可以理解为价值投资理论的简单概括。价值投资理论告诉我们，投资股票既需要保持研究股票又要保持一颗平常心。投资者自己必须要有一套对股票价格高低的判断标准，即使使用的是一些简单的判断标准也没关系。重要的是你一定要有，你对市场价格高低的看法。如果你没有自己的标准去评估一只股票的价格高低，这样会使你失去判断而跟随着别人，一般那些以价值投资的机构更容易成功，更容易实现利润。证券市场越成熟，这点越明显。供给与需求创造价格短期波动，企业内在价值决定长期波动方向。

（9）不要轻易预测市场

专家说过："判断股价到达什么水准，比预测多久才会到达某种水准容易。不管如何精研预测技巧，准确预测短期走势的机率很难超过60%。"这就是说如果你每次都去尝试，错了就止损退出市场，不仅会损失你的金钱，更会不断损害你的信心。从基本面入手寻找一些有长期价格潜力的股票，结合一些技术方法适当控制风险尽量长期持有股票，而对于长期的市场走势给予一个轮廓式的评估。这样的投资方式更为科学。

（10）远离市场，远离人群

在股市这个嘈杂的市场里，是最应该自守孤独的地方。知止而后能定，定而后能静，静而后能安，安而后能虑，虑而后能得。由于股市投资这一不同于其他传统行业的行业，注定了多数人的结局必为亏损，所以，如果你想不同于他人而获得成功，就必须远离失败者，因为他们会影响你的情绪和判断力。

理财宝典

现代社会中充斥着种种冒险游戏。特别是在经济领域，投资意味着风险，特别是炒股票，风险就更大。尽管股市变幻莫测，股市的风险极大，但股市也不失为一个投资的好场所。一个懂得投资理财的女人不应放过股市这个可以一展所长的投资场所。

外汇：让钱生出更多的钱

外汇的概念具有双重含义，即有动态和静态之分。外汇的动态概念，是指把一个国家的货币兑换成另外一个国家的货币，借以清偿国际间债权、债务关系的一种专门性的经营活动。它是国际间汇兑

（ForeignExchange） 的简称。

外汇的静态概念，是指以外国货币表示的可用于国际之间结算的支付手段。按照我国1997年1月修正颁布的《外汇管理条例》规定：外汇，是指下列以外币表示的可以用作国际清偿的支付手段和资产：外国货币，包括纸币、铸币；外币支付凭证，包括票据、银行存款凭证、公司债券、股票等；外币有价证券，包括政府债券、公司债券、股票等；特别提款权、欧洲货币单位；其他外汇资产。人们通常所说的外汇，一般都是就其静态意义而言。

掌握外汇这个金融工具，要理解"汇率"这个关键词。它是一国货币换成另一个国家货币的比率、比价或价格。汇率实际上是把一种货币单位表示的价格"翻译"成用另一种货币表示的价格。从而为比较进口商品和出口商品、贸易商品和非贸易商品的成本与价格提供了基础。汇率之所以重要，首先是因为汇率将同一种商品的国内价格与国外价格联系了起来。

对一个中国人来讲，美国商品的人民币价格是由两个因素的互相作用决定的：第一，美国商品以美元计算的价格；第二，美元对人民币的汇率。因此当一个国家的货币升值时，该国商品在国外就变得较为昂贵，而外国商品在该国则变得较为便宜。反之，当一国货币贬值时，该国商品在国外就变得较为便宜，而外国商品在该国就变得较为昂贵。

那么，怎样获得合法外汇呢？中国证监会日前决定，允许境内居民以合法持有的外汇开立B股账户，交易B股股票。A、B股的价格存在着巨大的差异，B股以其较低的市盈率和价格受到了广大投资者的青睐。国内投资者想要加入B股投资的队伍，首先须合法持有外汇。国内居民合法取得外汇，有如下渠道：

（1）专利、版权。居民将属于个人的专利、版权许可或转让给非居民而取得的外汇；

（2）利润、红利。居民个人对外直接投资的收益及持有外币有价证券而取得的红利；

（3）遗产。居民个人继承非居民的遗产所取得的外汇；

（4）保险金。居民个人从境外保险公司获得的赔偿性外汇；

（5）捐赠。居民个人接受境外无偿提供的捐赠、礼赠；

（6）利息。居民个人境外存款利息及因持有境外外币或有价证券而取得的利息收入；

（7）稿酬。居民个人在境外发表文章、出版书籍获得的外汇稿酬；

（8）年金、退休金。居民个人从境外获得的外汇年金、退休金；

（9）雇员报酬。居民个人为非居民提供劳务所取得的外汇；

（10）咨询费。居民个人为境外提供法律、会计、管理等咨询服务而取得的外汇；

（11）赡家款。居民个人接受境外亲属提供的用以赡养亲属的外汇；

（12）居民个人从境外调回的、经国内境外投资有关主管部门批准的各类直接投资或间接投资的本金。

值得提醒注意的是，国内居民如果投资 B 股，必须将外汇汇到证券公司指定的银行保证金账户内。投资者切不可太过心急，而到黑市非法换汇。那里陷阱多多，投资者很容易上当受骗。

女性朋友在理财过程中，如果不对外汇的形式做详细的了解，也没有做好充分的心理准备，只是一心想着赚大钱，如果你是抱着这种态度来对待外汇的话，恐怕早晚要吃亏。因为做外汇也需要投资者事先对外汇有一定的了解，炒外汇也需要一定的专业知识。

汇市投资者一定要耐心学习，循序渐进，不要急于开立真实交易账户，可先使用模拟账户进行模拟交易。在模拟的学习过程中，你的任务就是要找到属于你自己的操作风格与策略。当你的获益几率日益提高，就可以开立真实的交易账户进行外汇交易了。在做模拟的时候也要以真实交易的心态去对待，因为这样最容易了解自身状况，也可以快速找出可应用于真实交易的投资技巧。

外汇市场是经营外汇业务的银行、各种金融机构以及个人进行外汇买卖和调剂外汇余缺的交易场所。从全球角度看，外汇市场是一个国际市场，它不仅没有空间上的限制，也没有交易时间的限制，各国外汇市场之间已经形成了一个高度发达、迅速而又便捷的通讯空间网络。

目前，世界上大约有30多个主要的外汇市场，他们遍布于世界各大洲不同国家和地区。根据传统的地域划分，可以分为亚洲、欧洲、北美洲等三大部分，其中最重要的有欧洲的伦敦、法兰克福和巴黎，美洲的纽约和洛杉矶，澳洲的悉尼，亚洲的东京、新加坡和香港等。每个市场都有其特点，但所有市场都有共性。

各个市场被距离和时间所间隔，它们敏感地相互影响又各自独立。一个中心每天营业结束后，就把订单传递给别的中心，有时就为下一个市场的开盘定下了基调。这些外汇市场以其所在的城市为中心，辐射周边的其他国家和地区。由于所处的时区不同，各外汇市场在营业时间上此开彼关。它们之间通过先进的通讯设备和计算机网络连成一体。市场参与者可以在世界各地进行交易，外汇资金流动顺畅，市场间的汇率差异极小，形成了全球一体化运作、全天候运行的统一的国际外汇市场。

今天，人们对炒股已经习以为常，但是对炒汇还不太熟悉。借助互联网技术的快速发展，个人投资者进入外汇市场成为可能，这也进一步推动外汇交易成为全球投资的新热点。

第六课　玩转金融投资工具
——聪明女人让钱生出更多的钱

在外汇交易中，一般存在着即期外汇交易、远期外汇交易、外汇期货交易以及外汇期权交易等四种交易方式。随着外汇市场的发展，进行外汇交易的门槛也越来越低，一些引领行业的外汇交易平台只需要 250 美元就可开始交易，也有一些交易商需要 500 美元就可以开始交易，这便在某种程度上大大方便了普通投资者的进入。对于一些想投资外汇市场的朋友来说，一般可以通过以下三个交易途径进行外汇交易。

第一，通过银行进行交易。通过中国银行、交通银行、建设银行或招商银行等国内有外汇交易柜台的银行进行交易。这种交易途径的时间是周一至周五。交易方式为实盘买卖和电话交易，也可挂单买卖。

第二，通过境外金融机构在境外银行交易。这种交易途径的时间为周一至周六上午，每天 24 小时。交易方式为保证金制交易，通过电话进行交易（免费国际长途），可挂单买卖。

第三，通过互联网交易。这种交易途径的时间为周一至周六上午，每天 24 小时。交易方式为保证金制交易，通过互联网进行交易，可挂单买卖。

理财宝典

外汇理财很重要的一点是，科学判别外汇的走势。影响外汇市场汇率变化的因素非常复杂，最基本因素主要有国际收支及外汇储备、利率、通货膨胀、政治局势。投资者决定投资外汇市场，应该仔细考虑投资目标、经验水平和承担风险的能力。要控制风险就要做好投资计划，设好止损点，努力做到：不要过量交易、善于等待机会、不要为几个点而耽误事、不要期待最低价位、关注盘局中的机会、建仓资金需留有余地等。

基金：一支好基金胜过十个好男人

今天，仅靠存款生利息，累积财富不易，还是要善用金融商品做投资，加速财富增长。在各式金融商品中，股票风险大、挑选难，期货风险更大。不妨选择各式基金，作为踏入投资世界的第一步，跨入门槛低。

投资基金是指将许多小额投资人的资金，汇集起来，以信托或契约的形式交由专业机构进行投资组合，获取利润后再按投资者的出资比例分享的一种投资形式。

基金的种类有许多种，根据我国目前基金投资的现状，投资人需要了解自1997年11月国家颁布的《证券投资基金管理暂行办法》之后，发行上市的两种基金："封闭式"基金和"开放式"基金。所谓"封闭式"基金，指基金发行的单位数也就是基金的规模是固定的。当基金募集的资金额度满了以后，基金就会封闭起来。至于"开放式"基金，指发行基金的单位数额是可以变动的，可以随时根据实际需要增加或减少。

美国是"基金天堂"，光是基金就高达八千余种，人们的投资金额有25%放在基金上面。"理财＝基金"在一般人的观念里已经根深蒂固。个人股票持有率减少的同时，基金的股票持有率却有增加的趋势。

一般来说，证券投资基金是通过汇集众多投资者的资金，交给银行保管，由专业的基金管理公司负责投资于股票和债券等证券，以实现保值增值的一种投资工具。简单的说，基金就是把大家手里的钱汇集在一起，然后统一交给专业的人去帮你进行证券投资，然后在一定的时间之后"分红"。所以买不同的基金，就相当于把钱交给了不同的管家。

这种理财工具比起股票投资来说，风险相对小一些，而其收益一般也不低。一般还会高于直接参与股票交易的投资者。一方面，基金公司具有大规模的资金，可以降低股票投资过程中的风险；另一方面，基金公司拥有更专业的投资知识和技术功底，他们往往具有较高的投资水平。平均年报酬率 8% ~ 12%，加上复利效果，长期下来，累积财富的效果更大。

购买基金，可以让你在专心本职工作的同时，享受专家理财的益处。但是这并不能保证你就可以"坐拥百万"。基金也是有风险的，因此，只有一支能够很好地控制风险，实现稳定增长的基金，才最有可能帮助你实现百万富翁的计划。

假设你每月投资 1000 元，每年的收益是 7%，需要 28 年的时间，如果是 15%，只需要 18 年的时间。假设你现在 30 岁，每月投资 1000元，年收益 7%，到你退休时，你就可以拿到 100 万元，舒舒服服地享受退休生活，而不再需要为经济来源不足发愁。

张女士向所有刚参加工作的工薪族一样，每月 3000 元收入并不算很高，因为自己有住房，所以每月的开销也不大，月支出 800 ~ 1000元，在她银行的账户上存有 1 万元。她一直想通过理财实现短期内买5 万元左右汽车的愿望。她很自然地想到了把闲钱做些投资，她没有太多业余时间，也缺乏专业的理财知识，不想做风险太大的投资。

为此，张女士咨询了相关专家。目前银行理财产品多以 5 万元为投资起点，所以，张女士基本无法选择，只有储蓄存款和基金投资比较适合，但储蓄存款收益较低，恐怕难以实现张女士短期购车的愿望，专家建议选择基金投资。

理财专家给出这样的建议，因为张女士每月节余1600元左右，考虑到其投资风险承受能力不高，且属于懒人理财，建议购买两只债券基金作定投。经过细心的研究和比较，张女士最后选择一只业绩表现优异的基金。她决定在两年中，把资金分批投入。张女士开始了自己的理财计划，她每月积累的2000元钱，暂存储蓄活期。张女士开始关注股票市场走势，并虚心向银行理财经理或证券专业人士请教。

每逢市场深度调整时，她就把此前积累的资金投入目标基金，然后再积累，再投入，这样有效地摊低购买成本。1年下来，张女士一算自己的投资收益到了20%，于是张女士信心百倍，虽然第2年收益不如第一年好，但是也达到了10%。两年时间，张女士本息收益达到了63360元，最终实现了自己的汽车梦。

基金发展迅速，投资类型也有很多，包括股票型基金、偏股型基金、指数型基金、债券型基金等。对于女性来说，如果平时上班忙，对基金把握不准，一个最简便的办法就是，通过网络，采取基金定投的理财方式（网络会帮忙自动从你所设定的账户中扣款，投资于一些证券投资基金），养成长期投资的习惯。

通常，只要你的电脑具有基金网络交易的功能，就可以自行选择每月当中任一天作为你投资的日子。薪水入账日就是很好的时机。薪水一下来，就将部分金额转入基金投资，这样可以养成长期投资的习惯，不会因为有钱就乱花而成为"月光族"。如此贴心的设计，可以让当代年轻女性不必担心因为忙碌而忘记投资，耽误了理财大计，也能因此一步步成为聪明的理财专家。

在选择基金时有多种选择标准，女性朋友可以以风险和收益为选

第六课 玩转金融投资工具
聪明女人让钱生出更多的钱

择的依据，也可以以自身的年龄和婚姻状况作为选择的依据，还可以根据投资期限来选择自己购买哪种基金。

基金认购是指投资者在设立募集期内购买基金单位的行为。申购是指基金成立后，向基金管理人购买基金单位的行为。赎回是指基金投资者向基金管理人卖出基金单位的行为。投资者可以在开立基金交易账户的同时办理购买基金，在基金认购期内可以多次认购基金。

通常，投资者拿到代销机构的业务受理凭证仅仅表示业务被受理了，但业务是否办理成功必须以基金管理公司的注册登记机构确认的为准，投资者一般在 T + 2 个工作日才能查询到自己在 T 日办理的业务是否成功。投资者在 T 日提出的申购申请，一般在 T + 1 个工作日得到注册登记机构的处理和确认，投资者自 T + 2 个工作日起可以查询到申购是否成功。

同一投资者在每一开放日内允许多次赎回。可以部分赎回，当然各个基金都有规定持有份额的最低数量，例如有的基金规定剩余份额不低于 100 份，否则在办理部分赎回时自动变为全部赎回。

收取赎回费的本意是限制投资者的任意赎回行为。为了应对赎回产生的现金支付压力，基金将承担一定的变现损失。如果不设置赎回费，频繁而任意地赎回将给留下来的基金持有人的利益带来不利影响。而目前我国的证券市场发展还不成熟，投资者理性不足，可能产生过度投机或挤兑行为，因此，设置一定的赎回费是对基金必要的保护。

理财宝典

投资基金也需要选择，选适合自己的基金，则提高自己的收益，反之收益则不是那么理想。为此，要牢记几点：不熟不做，不懂不进；选择适合自己的基金才是最好的；投资基金要有足够的耐心；学会适时进行基金转换。

国债：分散投资的重要形式

对懂得分散投资的女性来说，债券是投资计划中不可或缺的一部分。它是政府、金融机构、工商企业等机构直接向社会借债筹措资金时，向投资者发行，并且承诺按一定利率支付利息并按约定条件偿还本金的债权债务凭证。由于债券的利息通常是事先确定的，所以，债券又被称为固定利息证券。

具体来说，债权有四个方面的含义：发行人是借入资金的经济主体，投资者是出借资金的经济主体，发行人需要在一定时期还本付息，债券反映了发行者和投资者之间的债权债务关系，而且是这一关系的法律凭证。与股票投资相比，债券投资具有风险低、收益稳定、利息免税、回购方便等特点，使债券投资工具受到机构和个人投资者的喜爱。相应地，投资相对稳健的债券基金也成了投资者的投资首选。

2007 年以来，股市的震荡给股民们上了一堂生动的风险教育课，不少人开始考虑将前期投到股市里的资金分流出来投入到更为安全的领域，于是国债销售又重温了久违的火爆场面。国债的收益率一般高于银行存款，而且又有国家信用作担保，可以说是零风险投资品种。如果是规避风险的稳健型投资者，购买国债是一个不错的选择。即使是积极型投资者，也应当考虑在理财篮子中适当配置类似的产品。

在许多女性投资者看来，国债是"金边债券"，收益最稳定。其实，投资国债如果不能很好地掌握国债理财的技巧，同样不会获得较高的收益，甚至还会赔钱。

投资者选择国债投资应先了解其规则，再决定是否买进、卖出以及投资额度。许多投资者以为国债提前支取就得按活期计息，这是不正确的，投资者选择国债理财也应首先熟悉所购国债的详细条款并主动掌握一些技巧。现在发行的国债主要有两种，一种是凭证式国债，一种是记账式国债。

凭证式国债和记账式国债在发行方式、流通转让及还本付息方面有不少不同之处，购买国债时，要根据自己的实际情况来选择哪种国债。

（1）凭证式国债

凭证式国债从购买之日起计息，可以记名，可以挂失，但不能流通。投资者购买后，如果需要变现，可到原购买网点提前兑取。提前兑取除取回本金之外，期限超过半年的还可按实际持有天数及相应的利率档次计付利息。由此可见，凭证式国债能为购买者带来固定的稳定收益，但购买者需要弄清楚，如果记账式国债想要提前支取，在发行期内是不计息的，半年内支取则按同期活期利率计算利息。

值得注意的是，国债提前支取还要收取本金千分之一的手续费。这样一来，如果投资者在发行期内提前支取不但得不到利息，还要付出千分之一的手续费。在半年内提前支取，其利息也少于储蓄存款提前支取。此外，储蓄提前支取不需要手续费，而国债需要支付手续费。

因此，对于自己的资金使用时间不确定者最好不要买凭证式国债，以免因提前支取而损失了钱财。但相对来说，凭证式国债收益还是稳定的，在超出半年后提前支取，其利率高于提前支取的活期利率，不需支付利息所得税，到期利息高于同期存款所得利息。所以，凭证式国债更适合资金长期不用者，特别适合把这部分钱存下来进行养老的老年投资者。

（2）记账式国债

记账式国债是财政部通过无纸化方式发行的，以电脑记账方式记录债权并且可以上市交易。记账式国债可以自由买卖，其流通转让较凭证式国债更安全、更方便。相对于凭证式国债，记账式国债更适合3年以内的投资，其收益与流动性都好于凭证式国债。

通常，记账式国债的净值变化是有规律可循的，记账式国债净值变化的时段主要集中在发行期结束开始上市交易时，往往在证交所上市初期出现溢价或贴水。稳健型投资者只要避开这个时段购买，就能规避国债成交价格波动带来的风险。

记账式国债上市交易一段时间后，其净值便会相对稳定，随着记账式国债净值变化稳定下来，投资国债持有期满的收益率也将相对稳定，但这个收益率是由记账式国债的市场需求决定的。对于那些打算持有到期的投资者而言，只要避开国债净值多变的时段购买，任何一支记账式国债将获得的收益率都相差不大。

另外，个人宜买短期记账式国债，如果时间较长的话，一旦市场有变化，下跌的风险很大，记账式国债投资者一定要多加注意。相对而言，年轻的投资者对信息及市场变动非常敏感，所以记账式国债更适合年轻的女性投资者购买。

如果选择投资记账式国债，不妨从以下三个方面考虑：

①投资快到期的长期国债。

市场利率和债券价格之间具有一定的反向关系，例如市场利率平稳提升可能导致债券价格在一定幅度中持续下降，从专业角度看，"久期"便用来描述一支债券的价格对于市场利率变动的敏感度。通常情况下，国债的期限越长，它的久期也越大，因此，所受市场利率变动的风险也越大。但是对于即将到期的长期国债就不一样了，它们的久期会随着到期日的接近而逐渐减小，所以是市场利率波动时最优选择之一。

②投资新发行的短期债券。

相对长期国债而言，短期债券则受到市场利率变动的风险就小得多了，尤其在加息预期下，新发行的债券的定价会更加便宜，看准机会后，投入到新发行的短期国债市场当中，也是一个不错的选择。

③投资票面利息较高的国债。

零息债券的投资者平时不能收到任何利息，只能等到债券到期日时收回债券的票面价值，投资者赚取的收益便是债券价格和票面价值之间的差额。因此，零息债券的价格受市场利率影响非常大。但票面利息较高的债券则恰恰相反，它们受到利率波动的干扰较小，计划长期投资债市的人们不妨考虑一下。

理财宝典

有的人认为股市风险大，因此，平时在投资国债的时候，不大关心股市的情况。这是一种误区，很可能造成损失。经验证明，股市与债市存在一定的"跷跷板"效应。就是说，当股市下跌时，国债价格上扬；股市上涨时，国债下跌。所以，国债投资者不能对股市不闻不问，也应该密切关注股市对国债行情的影响，以决定投资国债的出入点。

公司债券：做大公司的债主

公司债券是公司依照法定程序发行、约定在一定期限内还本付息的有价证券。发行债券的公司和债券投资者之间的债权债务关系，公司债券的持有人是公司的债权人，而不是公司的所有者，是与股票持有者最大的不同点，债券持有人有按约定条件向公司取得利息和到期收回本金的权利，取得利息优先于股东分红，公司破产清算时，也优于股东而收回本金。但债券持有者不能参与公司的经营、管理等各项活动。

作为一种稳妥理财的优选品种，公司债券能在交易所交易，因此成为机构投资者所钟爱的品种。个人如果想要投资，不妨考虑通过购买可转债基金间接分享其中的收益，这样可以让专业机构代你去分析和把握瞬息万变的市场波动，又坐享其成地稳健地收获回报。

购买公司债券，进行理财，还需要对其进行深入的理解，从而在投资决策中获得更理性的决策，确保投资计划稳妥推进。具体来说，理解下面几点是很重要的：

（1）公司债券是由"公司"发行的

债券的发行人、债务人是"公司"，而不是其他组织形式的企业。这里的公司不是一般的企业，是"公司化"了的企业。发行公司债券的企业必须是公司制企业，即"公司"。一般情况下，其他类型的企业，如独资企业、合伙制企业、合作制企业都不具备发行公司债券的产权基础，都不能发行公司债券。

在国内，国有企业属于独资企业，从理论上讲不能发行公司债券，但是按照中国有关法律法规，中国的国有企业有其不同于其他国家的国有企业的特别的产权特征，也可以发行债券——企业债券（不是法律上的公司债券）。而且，不是所有的公司都能发行公司债券。从理论上讲，发行公司债券的公司必须是承担有限责任的，如"有限责任公司"和"股份有限公司"等，其他类型的公司，如无限责任公司、股份两合公司等，均不能发行公司债券。

（2）公司债券需要"还本付息"

债券之所以是公司债券，在于公司债券的主要特征：还本付息，这是与其他有价证券的根本区别。首先，公司债券反映的是其发行人和投资者之间的债权债务关系，因此，公司债券到期是要偿还的，不是"投资""赠与"，而是一种"借贷"关系。其次，公司债券到期不但要偿还，而且还需在本金之外支付一定的"利息"，这是投资者将属于自己的资金在一段时间内让渡给发行人使用的"报酬"。

对投资者而言是"投资所得"，对发行人来讲是"资金成本"。对于利息确定方式，有固定利息方式和浮动利息两种；对于付息方式，有到期一次付息和间隔付息（如每年付息一次、每6个月付息一次）两种。

（3）公司债券须通过"发行"得以实现

债券必须由其发行人面向其投资者通过"发行（issuing）"才能实现。公司债券"发行"是发行人通过出售自身的信用凭证——公司债券获得资金，同时公司债券投资者通过支付资金购买发行人的信用凭证的一种信用交易过程。

从法理上讲，发行是一种"要约行为"。作为公司债券的发行，发行人一般通过发布公司债券发行章程或者发债说明书方式进行要约，只要承认和接受"要约"条件并愿意支付必需资金的投资者，都可成为公司债券投资人，同时，凡是购买公司债券的投资者，都等于认可接受了"要约"，就必须履行"要约"上的义务和有权获得"要约"上的权益。

在公司债券发行过程中，必须按照"要约"的基本特征，在发行章程或发债说明书上明确公司债券的发行人、发行对象、募集资金用途，以及公司债券的所有要素内容，包括发行人、发行规模，期限、利率、付息方式、担保人以及其他选择权等等，因此，发行公司债券作为一种"要约"行为，是公司债券的"出售－购买"契约的签订过程。

通常，发行包括公募和私募两种。公募发行是面向社会不特定的多数投资者公开发行，这种方式的证券发行的允准比较严格，并采取公示制度，私募发行是以特定的少数投资者为对象的发行，其审查条件相对宽松，也不采取公示制度。

（4）公司债券具有"一定期限"

债券反映的是债权债务关系，是一种借贷行为，"有借有还"，这就要确定经过多长时间偿还。首先，按照金融学一般理论，公司债券作为一种资本市场工具和作为一种长期资金筹集渠道，期限都须在一年以上；其次，这种期限既包括公司债券的存续期限，还包括公司债券付息期限；第三，虽然期限是一定的，但也有变化。

在具体的发行过程中，可在发债说明书中规定提前赎回条款、延迟兑付条款等，这些都是在"一定期限"基础上事先确定的变化。另外，在发达资本市场国家，还曾经发行无限期公司债券，但这是一种非常特殊的债券，目前已基本不存在。

（5）公司债券是一种"有价证券"

首先，公司债券作为一种"证券"，它不是一般的物品或商品，而是能够"证明经济权益的法律凭证"。"证券"是各类可取得一定收益的债权及财产所有权凭证的统称，是用来证明证券持有人拥有和取得相应权益的凭证。其次，公司债券是"有价证券"，它反映和代表了一定的经济价值，并且自身带有广泛的社会接受性，一般能够转让，作为流通的金融性工具。

因此，从这个意义上说，"有价证券"是一种所有权凭证，一般都须标明票面金额，证明持券人有权按期取得一定收入，并可自由转让和买卖，其本身没有价值，但它代表着一定量的财产权利。持有者可凭其直接取得一定量的商品、货币或是利息、股息等收入。

第六课 玩转金融投资工具

聪明女人让钱生出更多的钱

由于这类证券可以在证券市场上买卖和流通，客观上具有了交易价格。

理财宝典

公司债券投资是一种风险投资，那么，投资者在进行投资时，必须对各类风险有比较全面的认识，并对其加以测算和衡量。同时，采取多种方式规避风险，力求在一定的风险水平下使投资收益最大化。

第七课
走进实物投资市场

——让你的财富增值保值

投资需要智慧，当女性朋友有更多闲暇时间、闲情逸致的时候，不妨关注一下实物投资，在提升个人情趣的同时，也实现财富保值增值的目标。

黄金：永不过时的发财路

在通货膨胀到来的时候，买什么最好？答案是——黄金。当世界范围内的通货膨胀都在抬头时，作为一种保值增值的理财工具，黄金就有了大显身手的机会。尤其是当黄金价格仍处在上升周期时，投资者把握好机会，无疑将会有很大获利空间。

此外，黄金本身就是一种商品，国际黄金的价格是以美元定价的，在黄金产量增长稳定的情况下，停留于黄金市场中的美元越多，每单位黄金所对应的美元数量将越大，即金价将越高。而且，现在美元的泛滥也不是什么秘密，部分资金流向商品市场，这正是国际金价持续上涨的真实背景，并且在相当长的一段时间内这种趋势还是不会得到逆转的。

黄金投资和外汇投资、股票投资一样，要时时关注行情的变化和走势。在市场上，黄金价格的波动，绝大多数原因是受到黄金本身供求关系的影响。除此之外，由于黄金的特殊属性，以及宏观经济、国际政治、投机活动和国际游资等因素，黄金价格变化变得更为复杂，更加难以预料。影响黄金价格变化的基本因素概括起来主要包括：供求关系是影响黄金价格的基本因素、美元走势与金价密切相关、利率对黄金价格走势的影响、经济景气状况、通货膨胀对黄金价格的影响、石油价格、世界金融危机、国际政局动荡、战争等。

时下，黄金价格节节攀升，许多投资者对此心动不已，且随着各家银行相继推出各类的黄金业务，越来越多的市民也开始对"炒金"投资跃跃欲试。投资者又怎样在令人眼花缭乱的市场中看得清楚、想得明白、自己做主呢？

目前，市场上的黄金交易品种中，纸黄金投资风险较低，适合普通投资者；黄金期货和黄金期权属于高风险品种，适合专业人士；实物黄金适合收藏，需要坚持长期投资策略。

（1）实物黄金

实物黄金买卖包括黄金、金币和金饰等交易，以持有黄金作为投资，只有在金价上升之时才可以获利。

从权威性来看，人民银行发行的金银币最权威（币类标有"元"），是国家法定货币。市民目前对金条比较热衷，仍未完全注意到金银币的升值潜力。热门金银币主要有奥运题材的金银币和纪念币、生肖金银币、熊猫金银币，以及《红楼梦》系列、京剧艺术系列和《西游记》系列金银币。

题材好的实物金升值潜力更大。2008 上市的奥运金第三组已由发售价 188 元/克涨到了 260 元/克。而已连续发行 6 年的贺岁金条升值仍主要取决于金价上涨，6 年前的原料金价是每克 95 元，羊年贺岁金条发行价为 110 元左右，如今原料金价临近 200 元，羊年贺岁金条的回购价不到 190 元。不过，题材好的实物黄金的发行溢价也较多，不适合短线投资。

实物金也是不错的选择。目前兴业银行和工行推出了个人实物黄金交易业务，这是一种全新的炒金模式，个人买卖的是上海黄金交易所（简称"金交所"）的黄金，金交所过去只针对企业会员提供黄金买卖业务。实物金的购买起点是 100 克，投资门槛将近两万元，比纸黄金更高，但手续费较低。投资者在兴业可提取实物黄金，如果不提取，个人实物黄金交易业务就可以像纸黄金那样操作。

投资者要区分两种实物金条：投资型的实物金条和工艺品式的金条。

实物金条报价是以国际黄金现货价格为基准的，加的手续费、加工费很少。投资型金条在同一时间报出的买入价和卖出价越接近，则黄金投资者所投资的投资型金条的交易成本就越低。只有投资型金条才是投资实物黄金的最好选择。

工艺品式的金条，溢价很高，比如说同是四个 9 的黄金，投资型黄金报价是 396.00 元/克，它可能要报 500 多元甚至 600 多元（有加工费在里面）。如有的金条报 720 元/克，比一般的价格高很多，这已经不是纯黄金了，而是工艺品了。

真正投资黄金，要买投资型的黄金制品，比如说含金量是 AU9999 的，不能是三个 9 的。目前国内很多厂家都推出了 AU9999 的黄金，投资黄金应该选择这一种。

（2）纸黄金

"纸黄金"其实就是指黄金的纸上交易。投资者的买卖交易记录只在个人预先开立的"黄金存折账户"上体现，而不必要进行实物金的提取，这样就省去了黄金的运输、保管、检验、鉴定等步骤，其买入价和卖出价之间的差额要小于实金买卖的差价。

当然，不管是投资"纸黄金"，还是实物金，最终能否赢利还是要依赖于国际金价的走势。理财专家提醒，投资"纸黄金"应综合考虑影响价格的诸多因素，尤其要关注美元"风向标"。专家提醒，在目前投资黄金要注意市场风险，毕竟金价目前处于相对高位，尤其黄金是一个"慢热"投资品，不会像股票那样频繁涨跌，因此也不适于频繁买卖。

（3）黄金期货

作为期货的一种，黄金期货出现得比较晚。期货是人类商品发达的必然产物，黄金期货，跟其他的农产品期货一样，按照成交价格，在指定的时间交割，是一个非常标准的合约。

黄金期货具有杠杆作用，能做多做空双向交易，金价下跌也能赚钱，满足市场参与主体对黄金保值、套利及投机等方面的需求。

从目前测试的黄金期货合约来看，交易单位从原来的每手300克提高到了1000克，最小变动价位为0.01元/克，最小交割单位为3000克。期货公司认为，这可能是黄金期货合约最后的交易模式。

以国内现货金价200元/克粗略估算，黄金期货每手合约价值约从6万元上升到了20万元，按照最低交易保证金为合约价值的7%来计算，每手合约至少需要缴纳保证金1.4万元，合约即将到期，黄金期货保证金率提高到20%，每手的保证金将增至4万元。如果从仓位管理的角度计算，以后做一手黄金差不多需要5万元左右。

如果投资者看多黄金，某一月份合约价格对应的是每克190元，此时买入需要缴纳的保证金是1.33万元，如果金价涨到了210元，投资者获利退出，可获利2万元［1000克×（210－190）元/克］，投资收益为150%（2÷1.33）；但是如果金价下跌，投资者需要不断追加保证金，一旦没有资金追加，投资就会被强制平仓，比如金价跌到了180元/克，投资损失为1万元［1000克×（190－180）元/克］，亏损率高达75.188%。黄金期货风险较大，普通投资者参与要谨慎。

黄金期货推出后，投资者可到期货公司买卖。期货开户只需要带上身份证和银行卡就可以办理，与证券开户类似，只是将"银证对应"换成了"银期对应"，一个期货账户还可以同时对应多个银行账户。

（4）黄金期权

期权是指在未来一定时期可以买卖的权力，是买方向卖方支付一定数量的金额（指权利金）后拥有的在未来一段时间内（指美式期权）或未来某一特定日期（指欧式期权）以事先规定好的价格（指履约价格）向卖方购买（指看涨期权）或出售（指看跌期权）一定数量的特定标的物的权力，但不负有必须买进或卖出的义务。黄金期权就是以黄金为载体做这种期权。在国内，中行首家推出了黄金期权交易，其他的银行也会陆续开办。国内居民投资理财又多了一个交易工具。

黄金期权也有杠杆作用，金价下跌，投资者也有赚钱机会，期权期限有1周、2周、1个月、3个月和6个月5种，每份期权最少交易量为10盎司。客户需先到中行网点签订黄金期权交易协议后才可投资，目前该业务只能在工作日期间在柜台进行交易。

据了解，支付相应的期权费（根据期权时间长短和金价变动情况而不同）后，投资者就能得到一个权利，即有权在期权到期日执行该期权（买入或卖出对应数量的黄金）或放弃执行（放弃买入或卖出）。

那么，如何用黄金期权来获利或者避险呢？举一个例子：李先生预计国际金价会下跌，他花1200美元买入100盎司面值1月的A款黄金看跌期权（执行价650美元/盎司，假设期权费1盎司12美元）。假设国际金价像李先生预期的一样持续下跌至615美元/盎司时平仓，则李先生的收益为（650－615）×100＝3500美元，扣掉1200美元的期权费，净收益为2300美元。如果金价不跌反涨至700美元，投资者可放弃行权，损失1200美元期权费。

这就是期权的好处。风险可以锁定，而名义上获利可以无限。期权投资是以小博大，可以用很少的钱，只要看对了远期的方向，就可以获利，如果看错了方向，无非就是不执行，损失期权费。

在国内投资黄金中，如果纸黄金投资和期权做一个双保险挂钩的投资，就可以避免纸黄金单边下跌被套牢。因为纸黄金只能是买多，不能买空。如果在行情下跌的时候，买入纸黄金被套，又不愿意割肉，可以做一笔看跌的期权。

例如：320美元买入纸黄金，同时做一笔看跌期权，当黄金价格跌到260美元，纸黄金价格就亏损，但是在看跌期权补回来，整体可能是平衡，或者还略有盈利。这就是把纸黄金和黄金期权联合在一起进行交易的好处。

（5）黄金饰品

其实，在日常生活当中一提到黄金投资，很多人还是会认为是购买金饰。其实不然。金饰品的收藏、使用功能要强于投资功能。从投资的角度看，投资黄金饰品是一项风险较高且收益较差的投资行为。其原因是金饰品的买入价和卖出价之间往往呈现出一种倒差价状态，即金饰品的初次买入价往往大于以后的卖出价，且许多金饰品的价格与其内含价值相距甚远。由于金饰品的投资收益在短时间内难以实现，因此买卖金饰从严格意义上来讲是一种长期投资行为或者是一种保值措施。

理财宝典

投资理财应密切结合自身的财务状况和理财风格。也就是说要明确个人炒金的目的，你投资黄金，意图是在短期内赚取价差呢？还是作为个人综合理财中风险较低的组成部分，意在对冲风险并长期保值增值呢？对于大多数非专业投资者而言，基本以长期保值增值目的为主，所以用中长线眼光去炒作黄金可能更为合适。此时应看准金价趋势，选择一个合适的买入点介入金市，做中长线投资。

房地产：不动产投资的王道

房子，不仅可以自己居住，还可以作为一种家庭财产保值增值的有效方式。如果你有一定的闲置资金，投资房产是个不错的选择。中国的城镇化进程正是热火朝天的时候，城镇的有限土地资源就显得更值钱了。房产能够抵消通货膨胀带来的负面影响，在通货膨胀发生时，随着其他有形资产的建设成本不断上升，房产价格的上涨也比其他一般商品价格上涨的幅度大，因而投资房产成为人们的首选。

众所周知，投资房产以买卖形式进行房产交易，存在着较大的风险性：一是低买高卖的时机难以把握；二是交易成本高，对于一般家庭来说，购置房产也算是一笔不小的开支，可能会影响到整个家庭生活，且缺乏灵活的变现能力。但对于一个聪明的理财能手来说，与其他投资理财工具相比，房产是创造和积累财富最好的途径之一。

房产投资让许许多多的人着迷，最突出的一点就是可以用别人的钱来赚钱。我们大部分的人，在今天要购买房屋时，都会向银行贷款，越是有钱人，越是如此。同时，银行乐意贷款给你，是因为房产投资的安全性和可靠性。房地产投资在个人理财中的优势，集中体现在三个方面：

第一，规避通货膨胀的风险。在家庭资产中，视家庭的经济状况将资产进行有效组合，以规避风险和获取较高的收益，是家庭理财的主要目标。一般来讲，在宏观经济面趋好时，会带动房产升温和价格上涨，投资者可以从中获利。宏观经济面恶化时，只要前一个时期房产价格的泡沫不太多，那么相对其他市场而言，则要稳定得多，抗通货膨胀的能力也强得多。

第二，利用房产的时间价值获利。房产投资是一项长期的投资，它的投资价值是逐步凸显的。纵观世界经济的发展趋势，城市房产的供求关系必将受到一定程度的影响。从长远角度上看，城镇特别是经济活跃的大中型城市，其房产价格必将会一步步上涨。

第三，利用房产的使用价值获利。其主要渠道就是出租，即将投资的商品房或门店通过出租的方式获取收益。通过这种方式获利，其核心就是要明晰所投资的房产有没有发展的潜力和价值。如商品房，一定要看社区的规模、配套设施、环境、交通、治安和人文环境等因

第七课——走进实物投资市场——让你的财富增值保值

素。将来是将房产租给打工族住，租给白领住，抑或租给其他人群住？现在出租，在使用价值上能不能获利，能获利多少？将来在时间价值上，房子能不能增值，能增值多少？

总之，房产投资不是盲目的买房卖房，必须要充分了解市场，因此表现出来的投资方式、投资结果也不尽相同，这就需要投资者在具体的操作中加以分辨了。

对购房者来说，自住房考虑最多的是价格合适、居住舒适等问题，而投资购房则更像投资股票一样，考虑更多的则是房产的升值问题，包括房屋价格和租金的上升等。一般而言，投资股票你没有实力坐庄，你就难以把握自己的命运，任人摆布的时候居多。但是，投资房地产即使你只是一个中小投资者也不会妨碍你正常获利。

实际上，影响房产增值的因素很多，主要是以下几个因素：

（1）位置

在诸多影响房产增值的因素中，位置是首当其冲的，是投资取得成功的最有力的保证。房地产业内有一句话叫"第一是地段，第二是地段，第三还是地段"，可见地段的重要性。影响房产价格最显著的因素是地段，而决定地段好坏的最活跃的因素是交通状况。一条马路或城市地铁的修建，可以使不好的地段变好，相应的房产价格自然也就直线上升。购房者要仔细研究城市建设进展情况，以便寻找具有升值潜力的房产。分析某一地段时，并不是看它是否在繁华市中心，相反市郊结合部往往具有更大的升值空间。

（2）交通状况

影响房产价格最显著的因素是地段，决定地段好坏的最活跃的因素是交通状况，一条马路或城市地铁的修建，可以立即使不好的地段变好，好的地段变得更好，相应的房产价格自然也就直线上升。投资者要仔细研究城市规划方案，关注城市的基本建设进展情况，以便寻找具有升值潜力的房产。应用这一因子的关键是掌握好投资时机，投资过早可能导致资金被套牢，投资过晚则可能丧失房产投资的利润空间。

（3）商圈

商圈也是决定房价的关键因素，所购房产地处的商圈的成长性将决定该房价的增长潜力。所谓住宅所处的商圈，由几部分构成：其一是就业中心区，一个能吸收大量就业人口的商务办公区或经济开发区。就业人口是周边住宅的最大需求市场，这个就业中心区的层次将决定周边住宅的定位，其成长性将决定周边住宅开发在市场上的活力。其二，在离就业中心区三至五公里的地带将集中成一个有规模的、统一规划的成片住宅区，一般要超过四五个完整街区。其三，在住宅区中，有一个以大卖场为中心的商业中心，辐射20分钟步程。就业中心区、住宅区、大卖场三者之间将会形成一种互动的关系。与就业中心区的互动成就了住宅区开发的第一轮高潮，而大卖场的选址却是洞悉第二轮增长的关键。

（4）环境

包括生态环境、人文环境、经济环境，任何环境条件的改善都会使房产升值。生态环境要看有无空气、水流等公害污染及污染程度等，如果小区内开辟有大量的绿地或园林，这样的小区就可因局部区域绿地的变化而使气候有所改良，小区内的植被会吸收噪音、阻断尘埃，可将受污染的空气渐渐净化。在购房时，要重视城市规划的指导功能，尽量避免选择坐落在工业区的房产。每一个社区都有自己的背景，特别是文化背景。在知识经济时代，文化层次越高的社区，房产越具有增值的潜力。比如外国人喜欢聚居在使馆区周围的公寓、住宅里，其外国文化背景使得使馆区周围的外销公寓很受青睐。

（5）配套

在关注房产本身的同时，还要放眼所购房产的配套设施。配套设

第七课 走进实物投资市场 —— 让你的财富增值保值

167

施的齐全与否，直接决定着该地段房产的附加价值及升值潜力，同时也是决定着入住后居家生活方面舒适与否的关键因素。同交通条件类似，配套条件也主要针对城郊新区的居住区而言，在城市中心区域大多不存在配套问题。很多小区是逐步发展起来的，其配套设施也是逐步完成的。配套设施完善的过程，也就是房产价格逐步上升的过程。

（6）品质

随着科学技术的发展，住宅现代化被逐步提上了日程。实际上，房产的品质是在不断变好的。这就要求在买房时，要特别注意房产的品质，对影响房产品质比较敏感的因素，要重点考虑其抗"落伍"性。如规划设计的观念是否超前，是否具有时代感，是否迎合物业发展的趋势。好的规划设计，能够体现其自身的价值。一栋造型建筑物，可以提高自身的附加值。房产的内部空间布局也很重要。一栋经过良好规划的建筑物，不仅室内空间完整方正，对于采光、通风、功能分隔的考虑也都要符合使用要求，当然价值也高。另外，建材设备优良的房产也具有较大的升值潜力。

（7）期房合约

投资期房具有很大的风险，投资者要慎而又慎。但一般来说，风险大收益也会比较丰厚。相应地，如果能够比较合理、合法地应用好期房合约的话，应该是可以获得丰厚回报的。在这里，有两点要引起足够重视，一是要请专业人士帮助起草期房合约；二是要挑选有实力和信誉的开发商。这样可以保证能够按期拿到合乎标准的房子，或者万一出现开发商违约的情况，也能够保证资金的安全和获得开发商给付的违约金。

理财宝典

房地产投资的两种常见方式为：第一，通过房产的转手买卖获得短期增值收益，这种投资行为适合于即刻回报型的房产；第二，以出租等方式获取房产投资的长期增值收益，对于培养回报型的房产，可以先出租，从而获得长期收益。

古玩：盛世古董，乱世黄金

人们之所以看重古玩收藏，除了它的文化价值以外，更看重的是经济因素，因为收藏的过程就是一个保值和不断增值的过程。对古玩的投资，应遵循以下几点原则：

（1）培养一定的鉴赏能力

投资古玩最好先从收藏古玩开始，在兴趣和嗜好的引导下，潜心研究有关资料，经常参加拍卖会，浏览展览馆，来往于古玩商店和旧货市场之间，有机会也不妨"深入"到穷乡僻壤和收藏者的家中，多看、多听、少买，在实践中积累经验，不断提高鉴赏水平。尤其是刚入门的收藏者，要多听行家的评价，多研究相关资讯，对古玩年代、材质、工艺、流派、真假进行深入细致的了解、鉴赏和识别。

（2）选择收藏品要少而精，且量财力而行

收藏品种类繁多、范围广，根据个人兴趣和爱好，选择其中的两三样作为投资对象即可，这样才能集中精力，仔细研究相关的投资知识，逐步变为行家里手。同时，还要考虑自身的支付能力。如果是新手，不妨选择一种长期会稳定升值的收藏品种类来投资或从小件精品入手。

（3）正确估算收藏品的投资净值

这中间，要充分考虑购买收藏品、保管收藏品和出售收藏品所付出的各种费用。确定你的收藏品有一个现成的、价格合理的买卖市场，把收藏品当成你投资策略的一小部分，如果你根本不打算卖的话，你就不应该把它视为一种投资。

（4）有胆识，但要戒冲动

有胆——俗话说，"古玩无价"，保值增值的古玩大多都是珍品，价位偏高。这就要求购藏者有超前意识，有足够的胆量。若遇珍宝，一定要有魄力。

同时，投资，是理性行为，是建立在对投资领域丰富经验和对投资项目充分论证基础上的。自己本身就是外行，又没有冷静研究和咨询的过程，风险可想而知。这时候要避免冲动而为。可以说，古玩基本上"拒绝"外行投资。如果你不真心热爱艺术品，不以追求美的情感去接近它，不多年浸润其间，把辨析其艺术价值和真伪优劣变成一种近乎本能的感觉，而只以买彩票的心理想一夜之间靠它发财，这是不现实的。而冲动，恰恰来自这种无知。

（5）不轻信他人的话

对古代艺术品的选购，"过来人"有一句箴言："谁的话也不能全信。"意思是如果你没练就一双火眼金睛，对要买的东西能拿七成主意，就算专家在旁，也照样会有风险。因为专家也有局限性，走眼的事就难免发生。而那些卖主的话，就更要大打折扣。应遵循的原则是：只看货，不听话。越是信誓旦旦地说词，越要提高警惕。某拍卖公司收货的职员对某古董店老板说："给找点货呀，新的都没关系，只要到位。"这个"到位"当然是指仿品乱真的程度要"到位"。

（6）别抱有侥幸心理

收藏圈子里有个人人都说的话题："捡漏儿"。所谓"漏儿"，是指某件艺术品价格严重背离价值。这是社会环境影响和买卖双方心理与能力错位造成的。而"漏儿"只可能发生在内行之间，它实质是买卖双方艺术鉴赏力和市场洞察力的角斗，而赢家一定是"道行"更深的买主。因此，在艺术品市场，"漏儿"永远有，但却永远不属于外行，因为连真假高下都尚难分辨，根本就不可能看出什么是"漏儿"。

（7）注意规避风险，尤其是政策风险

古玩投资同样存在风险。古玩市场做假历来有之，一不小心看走眼就可能连老本都赔上。因此，古玩比其他投资品种更需要专业知识。特别是古董，如果没有专业知识是不可轻易介入的。古玩投资还有政策的风险。根据1982年颁发的《中华人民共和国文物保护法》第五章第25条规定："私人收藏的文物，严禁倒卖牟利，严禁私自卖给外国人。"这一条肯定了私人收藏文物是合法的，同时也否定了将文物作为一种投资途径的行为。因此，古玩投资特别要注意选择投资对象，必须是在国家允许的范围之内。

总之，艺术品市场的水很深，喜欢游泳的人可以从"浅水区"练起，逐渐游向"深水区"，经年冲浪，乐此不疲，在艺术欣赏中受陶冶，练悟性，在学习与研究中逐渐丰富藏品，如此10年20年过去，就会发现，投资在不经意间就实现了，而且回报甚丰。

下面，我们以瓷器收藏为例，介绍一下古玩收藏的门道。作为火与土的艺术，古今瓷器，因其既能给居家增添文化氛围和美的享受，又能给人们带来增值效应，因此，历来便倍受人们的青睐。然而，尽管人人皆知瓷器收藏的好处，可真正称得上是一个合格的收藏者，尤其是面对数不胜数的古今瓷器物件，能切实明白地知道哪些才是最值得购藏的人，其实并不多。

在通常情况下，瓷器件的价值大小决定了价格高低，而不同的价格则对应了瓷器件的价值档次。从目前的市场实况看，古今瓷器的价格结构大致可作以下分档。

就年份已久的古旧瓷器而言，位列第一的当推各个朝代的官窑瓷器件，其中又以"御窑"和名头特别响的器件价格为高，因而也最具收藏价值。多年来的市场表现表明，明朝各代瓷器器件和"清三代"（康熙、雍正、乾隆）的器件，最受市场追捧，其现在的价格与10年前相比，普遍提高了10至100倍。其中如明成化斗彩鸡缸杯、康熙豇豆釉彩器、雍正珐琅莲子碗等，如今的市场价已达数十万元至上百万元之巨。

官窑之外，各种带堂名款的器件则次之；工艺精湛的民间窑器又次之，其市场价格也相应依次往下。

再从瓷器件的胎体、釉质、烧结、纹饰来看，一般收藏家认为，彩色釉、低温单色釉的价格比青花高；器形特殊的器件，例如官窑的灯、瓶、炉等杂件瓷价，比一般碗、盆、碟等常用器件的价格高；精工细作或器型特大、特小者，价格往往高于寻常物件。

需要特别说明的是，随着岁月流逝，明、清及以前的古旧瓷器件已越来越少，而且因为市场价格越来越高，其赝品也越来越多，因此，对于缺乏经验和眼力的初入行者来说，如没有把握，还是不要轻易介入，改为购藏现代瓷为好。须知，今天是昨天的明天，也是明天的昨天，所谓古瓷是相对而言的。趁多数现代陶艺家所作器件的价格现在还处于低位，择机购藏若干，三五十年以致百年之后，这些陶艺家的作品不同样会被视为"古董"而增值吗？

在懂得了上述价值分档后，购藏者还务必要了解：瓷器收藏，贵在"文火慢工"，既要心态平和，又能持之以恒。收藏瓷器要有好眼力，瓷器收藏重点要"古稀俏美"。

◎ "古"。远古的器物是历史文物，加之瓷器的保存不如金玉、铜石等物容易，越古老越少，越古老越贵。

◎ "稀"。物以稀为贵。如宋代汝瓷，便因其稀有而倍加珍贵，尤其是御用汝瓷。

◎"俏"。要注重收藏市场需求量大、行情看涨的古瓷。这种"俏"货价格攀升潜力大。

◎"美"。在宋代五大名窑中，只有定窑烧制白瓷，而汝、官、哥、钧都是以青釉取胜。然而，定瓷精品之所以珍贵，倒不仅仅在于其如雪似银的胎釉，而在于它精美的划花、刻花和印花的纹饰。而汝瓷的精美，可谓宋代瓷艺百花苑中一朵奇葩。

瓷器收藏一定要心态好，如果把收藏作为一项投资或投机的生意，那还不如将钱投入股市和金市。收藏是个累积的过程，而乐趣就在这真真假假当中体现出来。加上对文化的认知，才能由心感悟到收藏所带来的乐趣。

理财宝典

在买古玩时，不能只图便宜，只想花小钱就能买到好东西，或只是拣价值低的买入。只要物有所值，就可大胆买入，否则会错失精品，丧失赢利机会。此外，对收藏品要树立长期投资的意识，只有长期持有，才能获利丰厚。最后，妥善保管收藏品，使其保持最佳状态，等到出手时才会实现交易。

纪念币：投入低，风险小

最近几年，有一部分投资或者收藏流通纪念币的收藏者收获颇丰。确实，在当今众多的投资选择中，投资纪念币渐成为工薪阶层最理想的理财渠道之一。纪念币顾名思义，就是为了纪念某个重大历史事件或者历史人物而铸造发行的钱币。

专业人士认为，有意收藏金银币的市民首先要了解起码的常识，如金银纪念币是国家法定货币，只能由中国人民银行发行；纪念币带有国名、面额和年号，通常每枚纪念币均附有中国人民银行行长签字的证书；纪念币发售前，中国人民银行将通过其官方网站对外公布。

中国金币总公司提醒，消费者可借助五个简易办法防范假冒纪念币。一是通过权威媒体获取信息，从中国人民银行网站及其公告中，确定相关纪念币的样式、特点。二是从正规销售网点购买，认准中国金币总公司分支机构或中国金币特许零售商，不在临时性场所买纪念币。三是从纪念币发行要素入手，主题、图案、面额、规格、式样、鉴定证书等要素缺一不可。四是通过工艺质量特点辨真假，在喷砂效果、浮雕造型、彩印效果、材质与重量及专用防伪工艺等方面一一比对。五是通过鉴定证书辨真假，真证书由中国人民银行行长签名，采用专用的防伪纸，文字编号清晰，图案颜色轮廓清楚，层次感好。

消费者对所买纪念币仍不能确定真伪时，可先到当地中国金币总公司分支机构和特许零售商处进行初步鉴定；如需进一步鉴定，可拨打中国金币总公司客服中心电话咨询和预约。如确认是假货，消费者可到购买地或消费者所在地的公安机关报案，以设法挽回损失。

此外，对于纪念币收藏爱好者而言，收藏纪念币应从自己的经济能力出发，量力而行，先易后难，先从最近发行的纪念币入手，最好还要买本纪念币收藏册，每购一枚都应及时放入收藏册内，以防钱币氧化。

选好包装手段是金银纪念币收藏的基本功。可选包装有不含聚氯乙烯的塑料盒、聚酯薄膜袋、纸袋等。可选的材料有聚乙烯、聚丙烯、聚酯薄膜。关键是不能选用含聚氯乙烯的材料包装存放纪念币。

为了隔离空气，一般有气密和真空封装两种方法。气密指隔离空气但不抽净包装内空气。真空封装使包装材料与纪念币表面紧密接触。纪念币中手接触过的地方一定是首先腐蚀变黑的地方，如确要拿放纪念币，应用干净的软纸或布隔开手轻拿纪念币的边缘。

女性朋友投资流通纪念币，需要把握下面几点，从而争取获得可观的收益。

（1）注意币品品相

纪念币的收藏和邮票、钱币的收藏一样，也要注意品相，就是外观的完好程度。品相好坏与否，在市场上的价格有所差异。这就和新衣服贵，旧衣服便宜的道理是一样的。

（2）选择投资品种很重要

有时候选对品种可以左右个人投资收益。在行情发展中，抓住领涨的龙头币，其收益往往会大得惊人！

（3）忌买涨幅过大的

一经发行便强势上涨的纪念币，尤为要注意的是近年来发行的纪念币，由于在收藏投资热中价格一路攀升，而市场消耗少，实际存世量已远远超过了市场的需求。涨幅过大并不说明它的投资价值高，而是市场炒作的结果，普通投资者一旦高位"吃进"，随时有可能因大幅下跌而深度"套牢"。

（4）忌买不具独特题材的

从某个角度看，买纪念币就是买题材，有题材就有炒作的概念，就会有庄家进场，而不具有独特题材的纪念币，是很难激起市场的投资热情的。例如，1997年一季度邮币卡市场狂炒《宪法》纪念币，是借助于错版传闻的题材；炒作《宁夏》纪念币，是由于自治区系列题材的"龙头"币效应。不少独具慧眼的投资者，在跟进买入这类纪念币后都曾赚过钱。

（5）忌买发行量过大的

物以稀为贵之说已是收藏届亘古不变的真理。发行量的多少，是决定其投资价值和升值空间的一个尤为重要因素。通常情况下，纪念币的发行量与市场价格呈反比的关系，量少价高，量多价低。例如说：《建行》纪念币，其发行量为 204 万，目前市场价格已高达 1300 多元，而《建党七十周年》纪念币，其发行量多达 9000 万枚的价格，目前仅为 7 元至 8 元。

（6）忌买狂炒后回落的

在各种纪念币中，常有一些品种会受到市场追捧而成为"黑马"。但这种已经大幅飙升的品种，一遇庄家大量出货，价格便会大幅回落，尽管这类纪念币品种已有相当深的跌幅，但仍不适宜普通投资者参与，因为狂炒过后回落的品种，在高位形成了大量的"套牢族"，价格一旦有所上涨，解套盘就会倾巢而出。这类过时的"黑马"再度被炒作的可能性很小。

（7）逢低吸纳，坚决不追高买入

上班族投资者一般喜欢在行情疯涨时买进，进而被套牢，损失投资。所以，要提醒上班族投资者一定在流通纪念币处于十分低迷的情况下才不断吃进，而后耐心持有，必有回报。

（8）坚定信心、长期投资、稳定回报

流通纪念币的增值趋势虽不是一路上扬，但它一直呈波浪式稳步攀升的势头。只要不追高而选择在低点介入投资的话，其收益如何？仁者见仁，智者见智。

由此，纪念币的收藏潜力一直很大，很适合上班族投资，它不需要花太多的时间去打理，也不需要投资太多钱，但却会有很大的收益。

总体上看，流通纪念币价格不高，投资较小，保存方便，是适合上班族投资理财的长期选择品种之一，其投资收藏前程十分看好。

对于初入门的投资者来说，应该要学会纪念币市场中防范风险的办法：第一，要注意金银币收藏的系列化。初入门的人可以按纪念币的规格、材质等有系列、有步骤地进行收藏。如专门收藏"生肖"、"中国古典文学名著"等某一系列金银币。第二，要把握金银币题材。一些具有民族风格、设计新颖、铸造精良、题材上好的币种往往会有较为广阔的增值空间。第三，买卖金银币要注意技巧。目前市场上金银币交易的参与群体还没有形成相当规模，散户投资者想要做到"最高点卖出，最低点买进"几乎是不可能的。所以，在金银币投资具体操作过程中只要认准了，该买入的时候要保证能够买进，该卖出时要保证能够及时地卖出。

石头：抗通胀投资品新宠

关于奇石，大多是指有观赏价值的石质艺术品，包括造型石、纹理石、矿物晶体、生物化石、纪念石、盆景石、工艺石、文房石等。体量上有大中小之分。它们以奇特的造型，美丽的色彩及花纹，细腻的质地，产量又比较稀少而受到人们喜爱。

奇石的分类，是一项很复杂的工作，从不同的角度出发，可以有多种分类方法，简而言之如下：

◎依采拾的地域，可以分为山石、平原石、溪河石、海石四大类。

◎依欣赏的眼光，可以分为景观石、象形石、抽象石、图案石、

第七课 ——走进实物投资市场 ——让你的财富增值保值

纹理石、生物化石等类。

◎依石态所呈现的主题，可以分为具象与抽象两大类，也就是中国传统美学中的写实派和写意派。

◎依体量及陈列的方式，可以分为供石、雨花石（及其他适宜供养水中观赏的卵石）、生物化石等三大类。

（1）观赏石种类与欣赏

①太湖石

太湖石。又称贡石，久负盛名，它是一种被溶蚀后的石灰岩，以长江三角洲太湖地区的岩石为最佳。"漏、瘦、透、皱"几大特色是对太湖石的要求。

②齐安石

产于湖北，与玉无辨，多红黄白色。纹理、图案尽显，有极高观赏价值。

③大理石

大理石既是一种建筑材料，又是很好的观赏石，它是一种变质岩石。大理石品种主要有云石、东北绿石和曲纹玉。

④鸡血石

鸡血石为印材中的霸主，价值不低于田黄石。鸡血石要求血色要活，红色处于其他颜色的地儿当中，结合的界限要像"渐融"的一样。其次红色要艳、要正，浅色不行，发暗要发褐也不行。再次，血色成片状，不能成点散状或线状、条状，最主要要求鸡血石地子温润无杂质，色纯净而柔和。

⑤菊花石

由天然的天青石或方解石矿物构成花瓣，花瓣呈放射状对称分布组成白色花朵；花瓣中心由近似圆形的黑色燧石构成花蕊，活似天工制做之怒放盛开的菊花，故名菊花石。菊花石周围的基质岩石为灰岩或硅质砾石灰岩，灰岩中偶尔含有蜓类、腕足类珊瑚化石，给菊花石增添了生命活力。因它本身就是一幅天然美丽的图画，若以它精工雕琢成工艺品，更是锦上添花，精美绝伦。我国是世界上绝无仅有出产菊花石的国家。

⑥雨花石

雨花石最负盛名。雨花石之美即美在质、色、形、纹的有机统一，世界上诸种观赏石以此四者比较，没有能超过雨花石的。

⑦田黄石

田黄石是目前印材中的珍稀、绝品石种。此石属叶蜡石，产自福建省州市寿山乡，1000 年前即有开采。至明、清两代，田黄石更称名于世。在鉴别田黄石时，往往要观其色泽。田黄石有橘皮黄、枇杷黄、鸡油黄、黄金黄、熟粟黄等色别，尤以橘皮黄为上品。

⑧青田石

产于浙江青田县。青田石的石性石质和寿山石不大相同。青田石是青色为基色主调，寿山石则红、黄、白数种颜色并存。青田石的名品有灯光冻、鱼脑冻、酱油冻、风门青、不景冻、薄荷冻、田墨、田白等。

⑨艾叶绿

产于福建、浙江、辽宁，石色如同艾叶般翠绿。艾叶绿是名贵上品，除质地温透精绝外，它的颜色更是浓艳鲜嫩，翠绿无比。辽宁产的艾叶绿是"最上品"。

（2）石品的高下优劣

供石的高下优劣可以按照一定的评介标准来衡量。这里，既有统一而概括的普遍标准，也有按不同类别、不同石种进行同类对比的分类标准。无论普遍标准还是分类标准，都应包括科学、艺术两大因素，这是缺一不可的。同时，由于各石种的形、色、质、纹等观赏要素和理化性质互不相同，风格各异，因而它们的欣赏重点和审美标准也有所区别，我们评品单个供石时也尤其需要注意。

我们还必须记住，奇石毕竟是自然的产物，因此不能墨守成规、一成不变，即所谓"大匠能授人以规矩，不能使人于巧"也。

①完整度

指供石的整体造型是否完美，花纹图案是否完整，有没有多余或缺失的部分，以及色彩搭配是否合理，石肌、石肤是否自然完整，有没有破绽。

供石一般不允许切割加工，须尽量保持它天然的体态，如有人为雕琢造型或修饰者，则属于石雕艺术。有的赏石家要求极为严格，连切底行为也不允许，认为底部的安定只能由底座来加以调节。不过，一些石种，比如英石，若不切底，就无法取材。所以切底行为不能一概而论。

在评介一块供石之前，先要从上下、前后、左右仔细端详它的完整度，若有明显缺陷，则应弃而不取。特别要注意有否断损，有的供石断损后进行粘合，则在粘合处留有痕迹。

②造型

指供石的形状，这是具象类供石与抽象类供石首先要评介的内容。

"皱、瘦、漏、透、丑、秀、奇"是评介太湖石、灵璧石、英石、墨湖石及其他类似石种的外形的重要因素。凡以上七要素皆备，其造型必美。

◎皱。石肌表面波浪起伏，变化有致，有褶有曲，带有历尽沧桑的风霜感。

◎瘦。形体应避免臃肿，骨架应坚实又能婀娜多姿，轮廓清晰明了。

◎漏。在起伏的曲线中，凹凸明显，似有洞穴，富有深意。

◎透。空灵剔透，玲珑可人，以有大小不等的穿洞为标志，能显示出背景的无垠，令人遐想。

◎丑。较为抽象的概念，全在于选石、赏石时自己领悟，"化腐朽为神奇"。庄子在战国时代即提出把美、丑、怪合于一辙的"正美"，以图"道通为一"。后世苏东坡、郑板桥又提出了"丑石观"。其意义在于，千万不要以欣赏美女的情调来赏石，要超凡脱俗。

◎秀。与"丑"看似矛盾，实为对立统一。强调的是鲜明生动，灵秀飘逸，雅致可人，避免蛮横霸气。

◎奇。造型为同类石种中少见，令人过目不忘，个性极其独特。

◎雄。指气势不凡，或雄浑壮观，或挺拔有力。

◎稳。前后左右比例匀称，符合某一景观自然天成的状态。同时，底座要稳定，安如泰山，不能给人一种不安定感觉。

理财宝典

在疯狂的石头之中，裸钻逐渐成为又一抗通胀投资品。据估计，约有三分之一购买者是由炒房客、炒股客转化而来，国内游资需要寻找更为安全稳健的投资着陆点，是导致裸钻价格飙升的重要原因。但业内人士也表现出担忧，钻石升值快，但变现很难，如果单纯以投资为目的囤积，可能面临亏损风险。

邮票：方寸之间的文化收藏

邮票也是很多人喜爱的一项收藏，邮票投资应遵循"量力而为、抓住重点、注重品相、避免盲从"四项原则。

邮票投资的回报率较高，在收藏品种中，集邮普及率也是最高。但是邮票投资也并不是一本万利的，作为一种投资，它还是存在风险的。而且对投资者的专业知识也有一定要求。有些邮票受人为炒作，价格不容易把握，波动大。

邮市是一个收藏型的市场，邮品的增值要遵循市场经济规律，暴涨或暴跌都是不正常的现象。邮市应该建立在服务于集邮者的基础上，唯有这样的邮市才能发展繁荣。

那么，投资者究竟应该如何投资邮票呢？

（1）坚持量力而为原则

投资邮票，最重要的一点就是钱的来源应当是自己积蓄内的，是暂时闲置不作急用的。如果靠向亲戚朋友借贷，甚至动用、挪用公款，若遇上外部环境的变化，邮市不振，一旦被套牢将是非常糟糕的事情。因为集邮热从降温到再度升温，这个周期短的一般要二至三年左右，长的要十年左右，而且这个周期长短如何，并非为一般人所能左右的。

（2）坚持抓住重点的原则

由于每套邮票的选题、设计、表现形式、发行量、面值和发行年代不同，从美学鉴赏的角度就有不同的结论。有的邮票选题符合大众心理，设计精良，发行量小，面值低，受到大众的普遍认同和欢迎，市场价格就看好。而有的邮票选题重复，表现形式平平，发行量大，面值又高，这样的邮票一般在相当长的一个时期内，价格不会发生变化，就是在今后，升值的机会也相对要小、要慢，甚至比不上银行利息。即使价格在一个时期被带上来，收集的人也不会很多，还是卖不出去。因此，邮票投资切不可全面铺开，而要集中有限的资金，瞄准专题集邮队伍这个目标，实施重点突破，以提高投资的效益。一般来讲，1991年之前的老纪特邮票存世量少，消耗很多，基本上都沉淀在社会，因此，老纪特邮票的价格都较高，保值、增值比较稳定，受市场波动的影响较小，是长期收藏投资群体的首选。

（3）坚持注重品相的原则

品相是邮票的生命，是决定其收藏价值的重要因素之一。珍贵的邮票，如果又有全品相，那么它今后升值的可能性就可以得到保证。如果邮票严重被污染或出现破损或被折坏，即使是珍贵邮票，价格也是要大打折扣的。如果是中低档邮票，一旦出现品相问题，那么就是降价也很少有人接手，因为这样的邮票从投资的角度是没有前途的。

（4）坚决避免盲目从众原则

邮票投资者在一个新的集邮热刚兴起时，可以大量购进邮票，待集邮热发展到一定程度后，可以脱手手中的邮票。当集邮温度达到临界点后，许多邮票的价位会出现波动或下滑。如果这时手中还有部分高价购进的邮票没有出手，处理的方法有两个：一是在价格悬殊不大的情况下，赶快抛售；二是干脆将邮票收藏起来，以待下一个高潮的到来。当邮市进入萧条状态，邮票价格跌入谷底时，邮票投资者应把握契机，当机立断，以低价位大量购进有前途的邮票。如此操作，一方面可以降低前一个高潮时未脱手邮票的平均价位，使投资整体价格实现合理和平衡，以增强邮票在市场上的价格竞争能力。另一方面，可以增加邮票数量和质量的势能，为赢得更丰厚的利润奠定坚强有力的物质基础。

此外，邮票的收藏与保管是十分重要的。如何保存好邮票，一直是邮票收藏爱好者的一个"老大难"问题，因为邮票是纸和油墨颜色构成的，而纸吸水性较强，即使在十分干燥的环境下也含有6%左右的水分。一有水分，霉菌就可能利用纤维素在邮票上生长，不洁的手指触摸过的邮票，会使手上的有机物质粘附在邮票上，更利于霉菌生长。于是邮票上就出现霉点、黄斑。空气中的氧气也会使邮票发生变化，长期暴露在空气中的邮票，氧气会对纸产生氧化作用，使邮票发

第七课 走进实物投资市场
——让你的财富增值保值

脆。此外，印刷邮票时采用的各种颜料，在长期日光照射下，也会发生化学反应，使邮票变色和褪色。

知道了邮票易发生变化的因素，保存邮票应该采取的相应措施也就清楚了，基本方法是：

（1）防潮

阴雨天，不可将邮票放在空气中，不要整理邮票，并要将邮票封存在有干燥剂的玻璃罐或塑料袋中。切忌用嘴吹护邮袋。

（2）注意邮票册受压

邮册应竖放于干燥处，应该像图书馆内的书一样，站立并列存放，在尽可能的情况下，不要让它东倒西歪，否则时间久了，邮票册就会变形，因而影响它保护邮票的性能。存放邮票册的地方尽可能放些干燥剂。邮票册不能受压，如果把几本集邮册叠在一起，日子久了，下面那些会被邮票册表面的透明纸压出一道痕迹来，从而破坏邮票的品相，邮票因压力还会粘固在邮票册上。

（3）使用邮票镊子

再干净的手，手指皮肤表面总会渗出一些含有油和盐的分泌物。如果用手直接触摸邮票，就会将油和盐沾到邮票上，为霉菌的生长提供了条件。这在当时是看不出发生什么变化。但若干年后，邮票被你的手摸过的地方，就会出现不同程度的脏污或变霉。所以应尽量使用镊子夹取邮票，养成不用镊子不动邮票的习惯。并且使用专用的邮票镊子，不能随便使用其他的镊子，更不能用医生用的尖头镊子来夹取邮票，那样会刺破邮票，内部又有锯齿纹，会在邮票上留下痕迹，损坏品相。

（4）使用护邮袋护邮

护邮袋是透明材料制品，用它存放邮票既便于随时观赏，又可护邮票。

（5）保护邮票小窍门

①邮票表面有蓝色墨水时，可将小苏打和漂白粉等量溶入水中，将邮票浸入，墨迹可消除。

②邮票表面有泥污，先轻轻拭去污渍，将其夹入宣纸吸干，等充分干燥后可用绘画专用橡皮擦去泥污。

③邮票表面有印油时，用脱脂棉蘸少许汽油或酒精轻轻擦拭，洗净后置于吸水性较好的纸张上吸干。

④邮票为蜡所污染，可将邮票放在两张吸水纸之间，用电熨斗稍微熨烫一下即可消除蜡迹。

⑤霉雨季节，将集邮册成扇形置于桌上，用吹风机轻吹，可除潮防霉。

⑥如邮票已有霉斑，可用一小匙精盐放在热牛奶中，晾凉后浸泡发霉邮票一二小时，然后用清水洗净晾干。

⑦有皱的邮票可在清水中浸泡10－20分钟后，置于两张吸水纸之间用玻璃板夹紧，干后即可恢复平整。

⑧邮票表面有污垢，可用照相器材商店所售的定影液浸泡5、6分钟，然后用清水漂净并晾干，置于吸水纸之间夹紧，过数日取出即可。

理财宝典

邮票原先只是作为一种消遣娱乐，现在已经受到众多邮票爱好者追捧。邮票比古董字画更容易兑现获利，受场地限制很小，而且也节省家庭很多的投资时间，因此这个队伍一直在逐渐扩大。投资不会很大，可以作为业余爱好，加上邮票也给收藏者带来视觉上的高度愉悦感，所以这是比较适合年轻人投资的一种方式。

钱币：文化、艺术与收藏的完美结合

钱币作为法定货币，在商品交换过程中充当一般等价物的作用，执行价值尺度、流通手段、支付手段、贮藏手段和世界货币五种职能，这是钱币作为法定货币在流通领域中具有的职能。然而，当抛开其作为法定货币的角色，而作为一种艺术品和文物，钱币又具有了另一种特殊的职能——收藏价值。

投资者将钱币作为投资对象，既可能赢利也可能亏钱。如何才能有效降低投资风险、提高投资回报呢？

（1）看清大势，顺应大势

钱币的行情与其他投资市场行情相同的地方是行情的涨跌起伏变化，并且较长时间的行情运行趋势可以分成牛市或者熊市阶段。行情运行的大趋势，实际上已经综合反映了各种对市场有利或者不利的因素。投资市场行情运行趋势一旦形成，通常情况下是不会轻易改变的，所以能够看清行情大的运行趋势并且能够顺大势操作者，其投资成功的概率就高，而其所承受的市场风险却要小得多。由于目前的邮币卡市场本质上是政策市场，所以政策面的变化对市场行情影响最大，也是钱币市场行情容易暴涨暴跌的根本原因。另外，从宏观面分析，股票市场和房地产市场行情的好坏，也直接或者间接从资金方面对钱币市场行情产生不同的影响。

（2）投资和投机相结合

正因为币市行情容易受到政策面的影响而变化，所以投资者在具体的币市投资操作中，可以将投资与投机的理念、手法结合起来。因为对普通的投资者而言，单纯的投资操作固然可以减少市场风险，但是投资获利不多，时间成本较大。而纯粹的投机性操作，虽然踏准了牛市的步伐会很快暴富，但是暴涨暴跌的行情毕竟是难以把握的，更何况钱币市场行情基本上还是牛短熊长的呢？理想的操作思路和操作手法应该是投资、投机相结合，以投资为主，以投机为辅。或者熊市之中以投资为主，牛市之中以投机为主。

（3）重点研究精品

随着币市可供投资选择的品种越来越多，投资者在投资或者投机时，始终有一个具体品种的选择问题。不同的投资品种一段时间以后的投资回报有高有低。在钱币市场上，经常可以看到有些金银纪念币面市的价格很高，随后却一路往下走；也有些品种在市场行情处于熊市时面市，面市价格也不高，随后其市场价格却能够不断上涨。虽然这些品种短时间里市场价格的高低是受到较多因素的影响，但是长期价格走向却是由其内在价值决定。而内在价值通常则是由题材、制造发行量、发行时间长短等综合因素决定。

（4）资金使用安全

任何投资市场皆存在不可避免的系统或者非系统风险。币市行情由于具有暴涨暴跌的特点，其市场风险在某些时间段还相当大。所以，币市投资者首先应该有风险意识，尤其是短线投机性炒作时。其次，应该采取一定的投资组合来回避市场风险，因为除了价格下跌有套牢的风险外，一旦行情启动还有踏空的风险。

（5）钱币收藏不要冲动办事

购买古钱币一看真假、二看品相、三问价格。要学习掌握购买钱币的交易技巧，在钱币市场或金店内发现自己喜欢的藏品，不要喜形于色，直奔目标，不惜重金买下。而是暗中观察，不动声色，迂回接近，不妨先探问其他钱币的价格，以分散卖者的注意力，然后不经意询问价格，故意把它说得一文不值，俗曰：褒贬是买家，把价格侃到最低时再成交。

（6）钱币收藏要有目标、有计划

古今钱币纷繁浩翰，品种极多，仅人民币就有纸币系列、普通流通纪念币系列、贵金属纪念币系列，它们之下又可分若干系列。所以，必须根据自己的财力和爱好，有选择地加以收藏，最好是少而精、成系列收藏。

（7）钱币市场的暴利时代已经过去，不要有投机的心理

钱币收藏是一种志趣高雅的活动，收藏之道，贵在赏鉴。古人谈收藏的益处：一是可以养性悦心，陶冶性情；二是可以广见博览，增长知识；三是祛病延年，怡生安寿。但在市场经济条件下，钱币收藏活动的经济价值导向也是不容置疑的。钱币收藏者要有一个平常心态，由过去趋利性收藏转到观赏、把玩、研究、交流上来，提高钱币收藏的品位，养成宁静、淡泊的操守，摆脱铜臭的困挠和烦恼，感悟收藏真谛。

（8）对于购买者而言，要学会区分卖者所述的"故事"

一般情况下，卖者会拿"祖传"、"扒房子、挖地基时发现"、"急用钱"之类的"故事"说事。须知这些故事大都是卖者自己瞎编的，在美丽的谎言背后却隐藏着蒙骗买者上钩的陷阱。经不住诱惑而盲目买入，事后发现上当受骗者不乏其人。

理财宝典

钱币市场的交易向来都是十分活跃的，但各种钱币的成交价格仍然还较低，这正是集币爱好者拾遗补缺和钱币投资者逢低建仓的大好时机。广大钱币投资者应经常进行横向比较，若能适时购进一些物有所值的品种，很有可能获得可观的回报。

小人书：具有中国传统的艺术收藏品

小人书学名叫连环画，是中国传统的艺术形式。兴起于 20 世纪初叶的上海。1929 年受有声电影的影响，连环画在画面上"开口"讲话。1932 年以后，连环画才红火起来，出现了朱润斋、周云舫等名家。1949 年后小人书发展进入高潮期。连环画的黄金时代在五六十年代。1966 年，文化大革命开始后，中国的连环画创作基本处于停滞状态。1970 年开始，小人书的创作出版又形成了高潮。"文革"以后到 80 年代，小人书发展进入鼎盛期。十一届三中全会后，除去《人到中年》、《蒋筑英》等现代题材以外，还有不少外国名著和中国名著小人书受到欢迎。从 90 年代开始，小人书的收藏逐渐升温。

小人书是根据文学作品故事，或取材于现实生活，编成简明的文字脚本，据此绘制多页生动的画幅而成。最为传统的是线描画，工笔彩绘本是连环画中的一大形式。现在，由于电影、电视以及动漫等发展，连环画已成为一种回忆，进入收藏市场。它代表了中国文化的一个特殊年代。

连环画虽说是一个独立的画种，却能以不同的绘画手法表现之。水墨、水粉、水彩、木刻、素描、漫画、摄影，甚至油彩、丙烯均可加以运用，但最为常见的、最为传统的仍是线描画。早期的线描都是毛笔白描，《连环图画三国志》、《开天辟地》、《天门阵》、《梁山泊》、《天宝图》、《忍无可忍》等等无一不是毛笔之作；陈光旭、金少梅、李澍丞、牛润斋、沈景云、陈光镒、赵宏本、钱笑呆等等几乎都是白描高手。后来的《山乡巨变》、《铁道游击队》、《列宁在十月》、《列宁在 1918》、

《白求恩在中国》也都是这类作品。毛笔白描为国画的传统技法，线条流畅清晰，黑白分明，易于被接受。除此之外，钢笔小人书、铅笔线描在连环画中也有运用，但精品不多。陈俭是硬笔线描画的高手，其钢笔线描《威廉·退尔》、铅笔线描《茶花女》都是精品之作。工笔彩绘本是连环画中的一大形式，王叔晖的《西厢记》，刘继卣的《武松打虎》、《闹天宫》，任率英的《桃花扇》，陆俨少的《神仙树》都属这类作品。由于是大师精心之作，这类作品都已成了经典之作、传世之品。以写意笔法绘制的连环画也有，这其中又分水墨写意与彩色写意两种，前者的代表作有人美版的《秋瑾》、《三岔口》，后者的代表作有顾炳鑫的《列宁刻苦学习的故事》、顾炳鑫和戴敦邦的《西湖民间故事》、贺友直的《白光》、姚有信的《伤逝》等。不过，为降低成本，有些彩色绘本在印制时改成了黑白版。钢笔、铅笔素描作品也不少，前者的代表作有华三川的《交通站的故事》、《青年近卫军》等，后者的代表作有顾炳鑫的《渡江侦察记》，郑家声等的《周恩来同志在梅园新村》，汤小铭、陈衍宁的《无产阶级的歌》等。

　　小人书分几为几类，有古代的典集小人书，像我们的四大名著、聊斋志异、封神榜等；还有一类是比较现代的战争一类的题材的小人书，如松江缴匪记、渡江侦察记、三大战役等；再有就是以影视作品为主的沙家浜、红灯记样板戏之类的。但收藏小人书还要把握好几点，首先书要成套，成套的小人书比较有收藏价值，当然原套是最好的，不是原套后拼成的也可以；其次要看作品的内容绘画的观赏性，让人看到后赏心悦目才行，最好要看品相，就是保存的完好程度；再一个要看现在的市场需求，现在市场主要是近代的样板戏最为昂贵，一般一本品相好一点的小人书要价要到 30～50 元不等。

　　目前，在小人书收藏界中有三类人群，一类是专业"连友"，专门收集上世纪 50 年代到上世纪 80 年代的老版连环画，主要出于投资增值目的；第二类是普通的连环画发烧友，他们多是兴趣爱好使然，为了集齐一套连环画而四处奔波，不惜高价回收，但多为个人收藏所用；第三类是"连友"中的年轻成员——80后、90后的新生代。这部分群体多为职业需要而对连环画发烧，例如平面设计师，往往会从连环画中获得灵感。第三类人群的加入反映了连环画收藏的一个发展趋势，就是收藏人群会越来越年轻化，连环画不会因年代的久远而消失。它的收藏讲究：

（1）年份

一般可分为清末民国，文革前，文革后到1985年，1985年到现今。

（2）版别

要求一版一印，印数越少越好。

（3）质量

是不是名家的绘画作品，是否得过奖。

（4）品相

五品以上（不缺页、不缺封面、不缺封底，无污损），品相越好价格越高。

（5）艺术品位

以"文革时期"和"文革"前为佳。

（6）分类

以人民美术出版社，上海人民美术出版社为好，电影版的以中国电影出版社为佳。

（7）开本

常见有六十开、六十四开、三十二开、二十四开，开本越大越好。

（8）颜色

黑白色价格低于彩色的。

（9）装帧

平装价格低于精装的。

（10）套型

单本的价格低于成套的。藏品（连环画）上留有图书馆的装订痕迹和图书馆的收藏章，这样的连环画是可以收藏的，只是品相稍逊一点，价格会低于没有收藏章和装订痕迹（同等品相的条件下）的连环画。有缺页的连环画，是收藏连环画的禁忌，收藏它就没有意义了。

理财宝典

收藏专家表示，如果单纯从收藏的角度来看，连环画年代越久远的越有收藏价值，品相到达"九品"才是收藏的起步条件。由于连环画十分讲究封面封底俱全、内页保存完好、无明显污损，这样才具备较高的收藏价值。

红酒：新时期最快捷的赢利收藏方式

收藏级红酒是市场的"硬通货"。实际上红酒本质上只是一种饮品，值得收藏的不过是红酒中的1%～2%，绝对的百里挑一。

近年红酒行业的整个产业链如同被打通"任督二脉"般一通百通，各个行业纷纷插足经营红酒，红酒代理商层出不穷，连锁酒庄全面铺开；艺术品拍卖市场中大规模出现红酒拍卖专场，香港地区的红酒拍卖引起空前的关注；红酒在消费终端大受青睐，普通收藏者也开始进行红酒收藏。

然而与此同时出现的是红酒收藏的乱象频生。"水不清才能浑水摸鱼。"红酒市场刚刚兴起肯定仍处无序状态，是不少商家所期盼的，可以趁机大赚一把。因此，市场上出现了各种怪现象，如低价从外国买进桶装红酒后在国内分装成瓶并加贴酒标；或把红酒的名字往世界名红酒的名称如"拉菲"身上靠，以误导对红酒的认识只停留于听过"拉菲"的收藏者；甚至连大品牌"拉菲"的"子品牌"也应运而生，模糊了收藏者的视线。

红酒在市场中的勇猛势头有目共睹。现在顶级葡萄酒的价位已经接近历史最高点。比如，2009 年的拉菲就被炒得很厉害，因为据说 2009 年的拉菲是 2000 年之后最好的，于是前后也就一个月的时间，价格从两万多元涨到四五万元。据公开数据，2011 年上半年，香港拍卖市场的红酒成交总额达到 2 亿美元左右，约为 2010 年同期的两倍；2010 年，全球三大酒类拍卖公司的成交额比 2009 年几乎都翻了一番。根据拍卖行透露，亚洲买家已成为红酒拍卖市场的"生力军"，苏富比更透露全球苏富比洋酒拍卖总成交额中，亚洲买家占据 57% 的份额，其中中国香港及内地买家又占了大半壁江山。由此可见，葡萄酒的收藏和投资除了具备相应的知识之外，还要注意投资的时点和策略。

然而，自去年底红酒拍卖市场却出现了颓势，媒体报道尤以最著名的红酒品牌"拉菲"受到的影响首当其冲，整体市场价格下跌 45% ~50%，有行家却还持"红酒泡沫仍存"的观点。不过，也有不少收藏行家认为，值得质疑的是具有泡沫的价格，而不是红酒本身的价值；如果不是盲目追高，以合适价格买入的收藏级红酒确是市场的"硬通货"，收藏价值不可否定。

对于市场种种误区，收藏者必须要意识到"不是所有红酒都有收藏价值"这个基础理念。大多数葡萄酒都是普通餐酒级别的，应该在酿制后就立即饮用，因为它们并没有可以陈年存放的能力，放久了也就坏掉了。只有窖藏级别的葡萄酒才是能够并且值得收藏的，但是它们只占到葡萄酒总量的 0. 1% 不到。以法国为例，共分为 VDT、VDP、VDQS 和 AOC 四个级别，只有 AOC 中的顶级葡萄酒才具有收藏价值。而且每款葡萄酒都有一个最佳饮用时间，只有在适饮年份出售才最值钱。

但从市场上可了解到，大部分普通收藏者认为价格在 1000 元以上的红酒就值得收藏。事实上，真正值得收藏的是世界八大名酒庄的产品，比如法国波尔多分级 5 级以内的酒庄；但也不是所有八大名庄的红酒都值得收藏，只有其中达到收藏级别的红酒；另外一些名酒庄的收藏级红酒也有收藏价值。

此外，对于红酒收藏爱好者而言，收藏红酒先学解读酒标。葡萄酒瓶上通常可以看到原产国酒厂的酒标签，还有按进口商及政府的规定附上的中文酒标签。酒标签常见内容包括葡萄酒名称、产区、等级、收成年份、酒厂名、装瓶者、产酒国、净含量、酒精度。

以勃艮第葡萄酒为例：酒标上的"Vin de Bourgogne"翻译成中文就是勃艮第的葡萄酒。勃艮第主要有红葡萄酒和白葡萄酒两种。

新世界的酒标一般都有详细的信息，如葡萄的种类、生产商、酿造年份、葡萄种植区、酒精含量都会在前标上出现，后标一般类似政府忠告等等。

意大利的葡萄酒酒标传递的主要信息是名字、种植区域、葡萄类型、庄园和生产商、酒精含量、葡萄收获年份、等级。

理财宝典

在投资或收藏葡萄酒时，主要考虑因素包括优良的质量、稀有性、陈年能力以及完美无瑕的来源。当然和其他投资一样，买家在合适的价格买入也是重点。只要选择最好的酒庄及挑选最好的年份，特别是波尔多的顶级酒庄，即使价格稍有浮动，也不用急于出售。

第八课
女老板圈钱有道

——自主创业,把脑袋变钱袋

女性朋友创业的热潮,从来没有像今天这么汹涌。当丈夫专注于自己的事业,孩子专注于自己的学业时,你所处的阶段上没有了财务的拮据,有了更多的自由时间,更重要的是经过多年的积累让你对这个市场有深刻洞见。这时候,你不妨自主创业,通过当老板、挣大钱实现自我价值,获取财务自由。

先给自己找个引路人

今天，越来越多的女性朋友从家务、照顾孩子中解放出来，获得了更多的权利与自由。她们走向社会，为家庭创造着越来越多的财富。对此，中国社会科学院的李银河指出，"女性正在给家庭带来更多可见的益处"。

除了找到不错的工作，在职位上获取更多报酬，不少女性也把目标放在了自主创业上，像男人一样当老板。然而，初次下海的女性如果没有做足功课，没有一定的理论与实践基础，必然会遇到这样或那样的困难，这就需要我们在创业之初为自己找到一个好导师。一个好的商界导师不仅仅是因为他的年龄，更重要的是他丰富的市场经验。清华大学中国创业研究中心为我们提供了这样一个数据：在创业热潮中，创业者的盲从倾向特别明显。因此，在开公司、创业成为时代潮流的今天，女性更应该避免盲从，给自己找一个引路人，打好创业这场仗。

有这样一个人，她不但自己创业成功，同时还主动承担起带头人的角色。她就是保康县黄堡镇劳动保障所所长——郭西华。

通过不懈努力，郭西华的火锅店开得红红火火。在郭西华的心中一直有"一家富不是富，家家富才是富"的思想。于是，她挨家挨户地去拜访，与群众说交心话，细心做工作，在得到更多人的信任后，深入掌握全镇农民工家庭的情况，在全镇24个行政村设立了务工联络

第八课

女老板圈钱有道
——自主创业，把脑袋变钱袋

员，并先后在山西、河北等地建立了 4 家务工联络站，为务工人员提供维权、帮扶等服务。

郭西华在工作中摸索出了三种农民工培训方式：一是开展实用技术培训，充分利用黄堡镇袋栽食用菌、养殖、樱桃谷鸭等基地，邀请农业专家现场讲解种植、养殖技术，让没有技能、年龄偏大的人在家门口就业。二是技能培训，郭西华利用寒暑假，对本镇初高中生进行电脑培训，同时借助该县"五大培训基地"有序组织劳动力培训。三是开展异地培训，在该镇农民工重要输出地，郭西华积极联系企业，邀请县安监局、镇司法所人员前往，主动上门开展培训，培训内容涉及安全生产常识、维权知识等内容。

同时，郭西华积极为农民工回乡创业架起桥梁。黄堡镇乍峪村农民工邵岩华，原来在山西挖煤，2007 年 12 月回到保康，黄堡镇正大力发展樱桃谷鸭，郭西华鼓励他发展养殖业。在发展过程中，邵岩华没有资金，她帮忙联系信用联社贷款 12 万元，先后建起了三个樱桃谷鸭大棚，并改进了养鸭方式，变传统养鸭为网上养鸭，大大提高了谷鸭成活率。邵岩华今年已出栏樱桃谷鸭 6000 多只，利润达 8000 多元。

保康县的务工人员是幸运的，他们在一个优秀引路人的帮助下成功创业，创立出自己的一片天地。现实生活中，女性想要创业，如何找到自己的引路人呢？

（1）避免盲从，绝不照搬照抄

初创业时，很多人会雄心勃勃，干劲十足，但光有创业的热情是远远不够的。创业过程中会出现很多问题，这就需要一个好的引路人来指点迷经。比如，有这么多的创业项目，哪一个是适合自己呢？自己的兴趣点在哪里呢？这些都是女性在创业之初需要解决的问题。一个好的引路人，不仅能够帮你找到创业的方向，甚至能够带你走向成功之路。为自己寻找一个好的引路人，让他为你出谋划策，那样就能少走弯路，很大程度上解决创业之初的茫然和困惑。

很多人会把成功人士作为自己的引路人，这就需要注意一点：每个人的成功都是不可以复制的。时间、条件、国家政策的不同，决定了创业者必须要具体问题具体分析。对于成功人士的经验可以借鉴，但决不能盲目照搬照抄，一定要审时度势，在听取引路人的意见下，通过不断实践和摸索，找到最适合自己的创业模式。

（2）补上创业教育这一课

很多女性都不知道创业教育的重要性，认为只有抓紧一切时间去赚钱才是创业的王道。其实不然，拿出一定的时间去充实头脑，也是非常有必要的。

"创业教育"被联合国科教文组织称为学习的"第三本护照"，和学术教育、职业教育具有同等重要的地位。在美国，从中学开始就鼓励学生的创新意识和冒险意识，而在中国，这个方面就很欠缺，应试教育的体制一定程度上限制了学生的发展空间，循规蹈矩成了好学生的代名词。

对任何人来说，创业都是摸着石头过河，在一个个教训中积累力量不断走上成功之路。但通过创业培训，听取引路人的心得和忠告，也是很有帮助的。很多时候，书本上的知识理论性太强，并且不具备可操作性，而一些成功创业者以报告会的形式，来讲述自己的创业历程，会给创业初期的女性朋友提供借鉴和启发。因为，在摸爬滚打中得来的经验教训是最有说服力，最能够打动人心的。

（3）跟对人，做对事

创业初期，如果你足够幸运，就会遇到自己生命中的贵人。但贵人，毕竟是为幸运的人准备的，大多数还是需要自己主动出击去寻找的，有一句话说"机会总是青睐于那些有准备的人"。贵人不来，创业者可以主动出击，通过积极表现，积累知识，让"贵人"欣赏你，发现你，这样在你来我往中，建立良好的关系。

当然，跟对了人，还要做对事。任何事情都有一个学习的过程，要在这个过程中，保持谦虚的态度，不断向引路人学习、请教，遇到问题，多听取建设性的意见，并敢于接受批评。

理财宝典

很多女性想通过创业实现自己当女老板的梦想，从而来创造财富，让钱生钱，这的确可以为自己的理财生活添色。但在下海之前，一定要为自己找一个合适的引路人，让自己少走弯路，增加成功的机会与可能。

写一份创业计划书

确立了创业动机、选定了创业目标之后，还要在资金、人脉、市场等各个方面做好充分准备。接下来，创业者还要写一份完整的创业计划书，以让行动更有策略性。

对缺乏经验的女性创业者来说，计划书的作用尤为重要。一个酝酿中的项目，往往很模糊，而通过制定创业计划书，把相关情况列清楚，在运作过程中再注意推敲，这样就能对项目有更加清晰的认识。

一份完整、详细的创业计划书，会使创业者在具体实践中胸有成竹，对公司的整体情况了然于心，从而达到事半功倍的效果。

一般来说，创业计划书有三大部分。第一是事业主体部分，也就是事业的主要内容。第二是财务数据，比如：营业额、成本、利润、未来还需要多少周转资金等。第三是补充文件，比如有没有专利证明、专业的执照或证书、意向书、推荐函等。

具体来说，创业计划书的格式如下：

（1）事业描述

创业者需要描述所要进入的是什么行业，卖的是什么产品，谁是主要的客户，所属产业的生命周期是处于萌芽、成长、成熟还是衰退阶段。还包括，企业所使用的是独资还是合伙的形态，打算什么时候开业，营业多长时间等。

（2）产品或服务

创业者需要描述所经营的产品或服务到底是什么，有什么特色，与竞争对手相比有什么优势。这其中，产品服务介绍主要包括：产品的概念、性能及特性、主要产品介绍、产品的研究和开发过程、发展新产品的计划和成本分析、产品的市场前景预测等。在作出详细的说明时，要注意准确、通俗易懂，使不是专业人员的投资者也能听明白。

（3）市场定位

一个正确的市场定位是创业成败的关键。创业者首先需要界定目标市场在哪里，是既有的市场、客户，还是在新的市场去开发新的客户，因为不同的市场、不同的客户对象都有不同的营销方式。只有在确定目标后，才能决定怎样上市、促销、定价等，并可以做好预算。

（4）地点选择

一般公司对地点的选择可能影响不大，但一定要根据所选择的创

女老板圈钱有道
——自主创业，把脑袋变钱袋

业项目来选择地点，如果要开店，店面地点的选择以及租金的考虑就很重要。

（5）竞争

当今社会，处处存在竞争，商界尤其激烈。因此，在创业期间，一定要做好打硬仗的心理准备，做好充足的功课，让自己拥有强大的竞争实力。

下面三种情况下尤其要做竞争分析：第一，要创业或进入一个新市场时；第二，当一个新竞争者进入自己在经营的市场时；第三，随时随地做竞争分析，这样最省力。竞争分析可以从五个方向去做：谁是最接近的五大竞争者；他们的业务如何；他们与本业务相似的程度；从他们那里学到什么；如何做得比他们好。

（6）管理计划

据调查显示，中小企业98％的失败来自于管理的缺失，其中45％是因为管理缺乏竞争力。这就要求创业者在经营的过程中，知人善任，找到能够帮助自己管理公司的人才，并时刻把管理放在首位。

（7）人事

人力资源是企业生产活动的一个重要环节，因为人具有主动性和创造性，所以重点要考虑现在半年内、未来三年的人事需求，并且具体考虑需要引进哪些专业技术人才，这些人才需要的是全职还是兼职，他们的薪水如何计算，同时考虑对人才的专业培训成本等。

（8）财务需求与运用

要考虑到融资款项的运用、营运资金周转等，并预测未来3年的损益表、资产负债表和现金流程表。

（9）风险分析

不单单是与人竞争就有风险，各种各样的风险是时时存在的，可能是进出口汇兑的风险、餐厅有火灾的风险、政府政策变动的风险等，要随时做好应对风险的准备，并做好相应应对策略。

（10）成长与发展

公司创立并发展一段时间后，下一步要怎么样，三年后又如何，这也是创业计划书所要提及的。企业是要能够持续经营的，所以在规划时能够做到多元化和全球化创业计划书是将有关创业的想法，借由白纸黑字最后落实的载体。

总之，创业计划书的质量，往往会直接影响创业发起人能否找到合作伙伴、获得资金以及其他政策的支持。当然依据计划书的对象要对创业计划书做出部分调整，譬如是要写给投资者看呢，还是要拿去银行贷款。这些都需要创业者具体问题具体分析。

成功创业是生财的根本，也是理财的重要主题。写好创业计划书，可以帮自己的理财大业打开一片新天地。

理财宝典

一份详细、完整的创业计划书是创业成功的重要保证，相信这对细心、认真的女性来说并不是一件难事。掌握创业计划书的书写规范，把自己的商业构想用文字表述出来，这种深思熟虑的过程可以提升行动的成功率。

第八课 女老板圈钱有道
——自主创业，把脑袋变钱袋

适合女性的创业方案

今天，创业再也不是男人的权利，在这个火热的年代，很多女性更加的独立自主，踏上了创业的路途。

李静，相信大家都不陌生，但她被大多数人熟悉的角色是一名主持人。然而她的角色绝不单单只是主持人这么简单，从央视节目主持人，到独立节目制作人，再到怀揣风险投资的二次创业者，李静自己都没有料到会一再完成自我超越，成为一个商人，而且还是一个非常成功的商人。

李静的成功不仅在于她本身敢拼、不服输的性格，还在于她找到了一个适合自己的创业模式：以自己的节目内容为支撑，聚合与自己相熟的时尚界达人，发展化妆品、护肤品等自有品牌，进军电子商务领域，从这之后就有了今天的乐蜂网。李静成功后，接受了数字商业时代杂志的采访。下面是二者的对话片段：

数字商业时代：当初怎么考虑乐蜂网要卖护肤品，而且还要做自有品牌？

李静：自有品牌开始没有想得特清楚。最初和沈总开会的时候，我什么也没有听懂，出现了很多我生命中从来没有听过的词汇，但是我的搭档王总（乐蜂网CEO王立成）在零售业呆了很长时间，他知道卖别人的东西永远不能赚钱。做什么内容呢？我第一个想的是护肤品。当时老沈还问我，什么叫护肤品，跟化妆品有什么区别。解释后他也不清楚，就说你们做吧。我和王总都挺胆大，决定特别快，推进速度也特别快。这些是命运使然，我做很多东西都是被推着做的。

数字商业时代：很大一部分是命运使然。那当时沈南鹏找到你的时候，是怎么被推着走的？

李静：其实是很无意的一次聚会，他跟我说想找我这样的人找了很久。我看到过他接受过一个采访，有人问他投一个人是多长时间决定？他说是一秒钟。

我特别能体验那种感觉，我们这帮人身上都有"野蛮"的成分。见面后，他跟我说派人做我的调查，我都不知道，最终打动他的是我没有任何负面新闻。

数字商业时代：你们创业初期进行调研分析了吗？

李静：我一直没有搞明白一件事，是先进行深层次的市场调研好，还是不进入好。其实我们是做着做着才知道原来中国有那么多的电子商务。有的时候，先期不要做调查，先说你很棒，然后就开始做。创业初期要有一点点掩耳盗铃，无知者无畏。

数字商业时代：你想没想过三年后赚这么多钱？今年能做到多少？

李静：去年销售额达到 3 亿。我看有人发微博，说怎么可能？我们今年预计要做 10 亿，现在有 90% 的把握。

可见，女性创业需要一种冲动，一种敢作敢为的大气。李静是在误打误撞中找到了适合自己的创业项目，之后不断地跨领域跨行业的发展。这对于所有有志女性而言，无异于是一种激励的力量，一个好的榜样。

针对女性细腻、亲切、温柔的特点，下面列举一些适合女性的创业项目，希望能够为广大女性找到适合自己的创业方案提供帮助。

第八课
女老板圈钱有道
——自主创业，把脑袋变钱袋

（1）服装类项目

作为女性创业的传统项目，很多女性在确立创业之前，首先选择的就是开服装店。服装类项目的优点就是，一般女性都比较感兴趣，上手快，也不需要特别的专业知识，对于创业资金的要求也不是很高。

虽然女性对服装店有一种天生的亲切，但是开服装店并不是一件简单的事情，单单有热情、有兴趣还不够，需要女性朋友在开店前，做好充足的准备。这里就开服装店的技巧与大家分享一下：

首先，开服装店最重要的就是进货，只要所进的货受到消费者的青睐，就不怕没有好的销量，销量上去了，收益就大了。这要求女老板在进货的时候做好详细的市场调查，去深入了解当季最流行的款式是什么，流行的颜色是什么，一个对市场足够敏感的老板，还能嗅出下一季的流行是什么。

其次，进货之后还要详细地分析产品的市场价格以及竞争度。众所周知，商家不会按照进货价卖给消费者，都会对衣服加50%左右的价格，如果按照每件衣服50元的进货价格，销售起来就卖100元，那么纯利润就是50元，但要在激烈竞争中彰显自己的优势，在衣服价格不变的情况下，将服装的价格调整为95元，这时虽说利润减少了5元甚至更少，但确实让自己店铺的商品有了一定的价格优势，"薄利多销"说的就是这个意思。

（2）精品饰品、化妆品类项目

近几年，"哎呀呀"女孩用品专卖，带动了大批女性从事这类项目，或加盟，或是自己开店。它市场容量大、门槛低的特点，吸引了女性的青睐，再加上女孩天生对饰品的热爱，女性都是从女孩阶段过来的，因而也就有说不出的亲和感。

女人爱美，爱屋及乌，因而顺带对化妆品就产生了浓厚的兴趣。

化妆品行业的利润之大自是不必赘述。美容院的护肤品、化妆品少则几百，多的可以上万。再加上新时代的女性舍得给自己做美容投资，只要拥有几个固定的客户，美容院不仅能维持正常的开支，还能获得不菲的利润。

但在这里需要提醒女老板的是，随着超市、专业卖场的兴起，消费者更愿意到这些有信赖感、有质量保障的消费场所，同时专业饰品、化妆品连锁店的发展，个人创业在饰品、化妆品方面，难度就越来越大。

（3）家政服务项目

目前，清洁、家政服务的需求越来越大。它的经营项目可以是单项也可以综合，诸如开设老年护理院、小学生接送服务、信息服务中心、婚姻介绍所、洗衣服务等。开办家政服务社，投资少、风险小、见效快，还可以解决一些下岗职工的再就业问题，有很大的发展前景。

有市场敏感度的女性朋友就可以开一个自己的家政公司，把身边的姐妹召集起来，在自己的社区，既方便又便于了解小区内的需求，只要真心去做，在社区内获得一个好的口碑，随后以本社区为基点，不断向四周社区辐射，规模就会不断扩大。

（4）特色小吃项目

如果女性对自己的厨艺有足够信心的话，那就在闹市区开办一家有特色的小吃店，把自己的手艺变成一种商品。如今，都市快节奏的生活，上班族在中午或者不吃饭或者去附近的快餐店随便吃个汉堡，饮食实在是不健康。如果你的小吃店既实惠又健康卫生，一定会受到欢迎。这个小吃店以经营家常饭为主，以薄利多销为经营宗旨，经营品种以地方特色饭菜为主，最重要的是健康卫生。这样，既可以做自己拿手的事，又能为都市上班族提供健康、方便的饭菜，何乐而不为。

综上所述，女性不论选择了何种创业项目，都应该要保证诚信经营，把目光放长远，树立良好的口碑。同时遇到困难不轻言放弃，创业过程中难免会遇到挫折，一定要相信坚持就是胜利，顺境时能居安思危，逆境时也能调整好心态。

理财宝典

女性生来所具有的细腻、认真、有亲和力的特点，使得很多服务性的小项目都很适合女性。充分发挥自己的优势，通过诚信经营、做良心买卖来创造更多的财富，可有助女性在生财、理财方面的一臂之力，实现自己的人生价值。

投资自己熟悉的行业

女性创业需要投入一定的资金，有投入就有风险，因此在创业项目的选择上一定要谨慎。很多人希望能够通过创业来获得较多的财富，于是她们会选择利润较高的项目来投资。但问题是，这个项目是否适合你，你能否把这个项目经营好，否则经营不善，就会有"竹篮打水一场空"的慨叹。

投资大师罗杰斯表示："当大家一窝蜂投资时，这时肯定有泡沫。"盲目跟风最大的风险，就是容易让创业者忽视投资风险，创业者在评估项目时很容易只看到成功者成功的条件，却无法观察到行业本身存在的固有风险，尤其是当创业者对这个行业完全陌生的时候，这样风险就会更加放大。

因此建议，想创业的女性一定要从实际情况出发，充分了解自己，投资自己熟悉的行业，找到自己的兴趣点，创业初期不要过多的考虑收益，要先求得稳定，其次才是扩大规模、发展的阶段。

兴趣是一种强大的力量，它可以使人集中精力去获取知识，创造性地开展工作，一位名人说过"兴趣比天才重要"，谁找到了自己最感兴趣的工作，谁就等于踏上了通向成功的道路。华德·狄斯奈讲过一句话，"你一定要做自己喜欢做的事情，才会有所成就"。做自己喜欢做的事其实是很困难的，大多数人都在做他们讨厌的工作，却又必须逼自己把讨厌的事情做好。这就失去了工作的动力，当遇到事业的瓶颈，就没有办法突破。

就算是名人、成功人士，遇到自己不熟悉、不感兴趣的职业时，往往也是手足无措。

美国作家马克·吐温曾经经商，第一次他从事打字机的投资，因受人欺骗，赔进去 19 万美元；第二次办出版公司，因为是外行，不懂经营，又赔了 10 万美元。两次共赔将近 30 万美元，欠了一屁股债。他的妻子，深知丈夫没有经商的才能，却有文学上的天赋，于是就帮助他鼓起勇气，振作精神，重新走上创作之路。终于，马克·吐温很快摆脱了失败的痛苦，在文学创作上取得了辉煌的成就。

人生的诀窍就是经营自己的长处，这是因为经营自己的长处能给你的人生增值，经营自己的短处会使你的人生贬值。正如富兰克林所说，"宝贝放错了地方就是废物"。

女性在创业初期，除了需要一种勇于追求的顽强精神，还应该选定自己的创业方向。这是成功的前提。一个正确的方向，会让女性在创业过程中少走很多的弯路，及时把走弯路的时间都用来创造财富，那才算做是真正的成功。

经营刚上轨道的食品厂张厂长求财心切，马不停蹄地打算上马一些新项目。张厂长喜欢读书看报，知道现在专家们都在讲企业经营要多元化，因此对"多元化"很是痴迷。她决定到一个完全陌生的行业内一试身手——办个服装厂。由于张厂长从来没有搞过服装，对服装行业两眼一抹黑，而她在食品行业积累的经验在服装行业又完全用不上，结果不到1年，张厂长的服装厂就败下阵来，造成了很大的损失。

上例中，由于张厂长对投资项目认识不足，最终导致了失败的结局。一个投资者爱学习、有上进心是好的，但张厂长在学习时却不善于分辨，忘记了对于一个投资新手来说，不熟不做乃是一条普遍法则。初创业的女性盲目进入不熟悉的新行业，这会使经营者过去积累的经验不容易发挥，又浪费了时间和宝贵的资金。由此可见，如果不根据市场变化调整策略，拿着钱盲目投资，只会使自己陷入进退两难的境地。

总之，只有对即将投资领的域充分熟悉、全面了解的前提下，再进行投资，才会事半功倍，在财富的大道上一帆风顺。因此，女性在选择投资项目时，一定要把兴趣放在首要的位置，同时还要尽可能地拓展投资思路，培养多元化投资思维方式，保持投资项目的多元化。

理财宝典

跨出去的脚步大小不重要，最重要的是方向要正确。女性在创业之前一定要找到自己的兴趣点，投资自己熟悉的行业，千万不要只去关注那些收益高的行业，要从熟悉的行业开始，摸爬滚打，多积累经验，再去涉猎其他行业，相信那时的你一定更加自信。

成功从小投资开始

在商业世界里，大企业家毕竟是少数，最常见的还是普通的、小成本的经营者，犹如金字塔一样，最下面的一层是由众多的石块堆积而成的，而塔尖只有少数的石块。做生意的过程就像是垒一个金字塔一样，只有从小投资开始，一点点积累，才能做成大生意。

在美国，近年来面向低收入阶层的99美分商店如雨后春笋般纷纷出现，这些商店都有这样的特点：绝大部分商品的价格只有99美分；这些99美分商店主要集中在低收入者居住区和新移民地区；绝大部分99美分商店出售的商品都产自发展中国家。据美国一家市场研究机构分析，包括99美分和一美元在内的廉价商店在2010年的销售额已达160亿美元。99美分商店的成本投入一定不多，但现在却有如此高的销售额。

这说明，投资创业千万不能嫌小。实际上，小投资可以赚大钱。因为，这对于女性投资者来说，尤其是在创业初期，小投资可以巧妙地避过融资困难的问题，还可以避免因经验不足而引起大的损失。当然也不能因为投资小就疏于管理，不认真经营。

要想使业绩不断地攀升，不但要选好投资项目，选择那些比较熟悉的、有发展市场的项目，最重要的是要诚信经营。诚信是经商之本，只有热情周到的服务、公道的价格，才能赢得回头客。也只有在这些基础上，才能够完成资本积累、经验积累以及创业理念的不断更新，这时再追加投资，扩大经营规模，通过"滚雪球"的模式不断发展壮大，从而走向成功。否则，一开始就把摊子铺得很大，往往会遇到各

第八课

女老板圈钱有道
—— 自主创业，把脑袋变钱袋

种危机困难，从而形成投资泡沫，一旦有风吹草动，泡沫就会瞬间破灭，创业者就会陷入危局和困境。

当然，对规模不同的企业来说，大有大的气派，小有小的玲珑，但反过来说，大有大的难处，小也有小的不足，各有甘苦。女性在创业时一定要正确看待企业规模的问题，任何事情都有一个不断发展的过程，从小投资做起，一点点积累，才是正确的企业发展模式。

周小强先生曾经利用200元白手起家，历经风霜10年，终于创立了移花宫化妆品这个牌子，迄今为止，其化妆品加盟店已经超过180家，产品单品超过1000多个，在世界各地畅销，年营业额突破10亿港币，为此，被认为是投资创业界的奇迹。

周小强创业初期只有200元，但依旧能够通过不断积累，最后的效益突破了10亿港币，犹如小孩子的成长，刚刚生下来的时候都是很小很脆弱，但只要细心呵护，终会有变大变强的一天。

小投资在创业初期的优势是显而易见的。概括起来，包括下面几点：

（1）做小项目需要的资金少，投资门槛低

女性创立一个小项目需要的资金，多则三五万元，少则几千元。很多女性在刚开始创业的时候，并没有很多的空余资金，就算有多年工作经验的白领来说，虽然有一定的存款作为创业启动资金，但缺少的是商场打拼的经验，一旦经营不善就可能血本无归，因此创业之初选择小投资开始，实在是一个明智之举。

（2）船小好调头，经营更加灵活

一直以来，人们常用"船小好调头"来比喻具有投资少、建设周期短、抢占市场快等特点的小企业所表现出的较强应变能力。中小投资始终是增强市场活力、提供就业的中坚力量。一方面，它具有填补性功能，适应市场销路有限的小规模生产，弥补大公司的空隙。另一方面，它无须较大的资金额和技术力量，就算遭遇销路不对也能够迅速调整方向。

另一方面，"船小好调头"并不是说企业小就可以这山望着那山高，自恃人员少、产品批量小、资金投入少的特点，随意改变生产方向。如果过于浮躁，这往往会在投资上"翻船"。

（3）小投资的经验、技术要求比较低

一般女性在进入一个新的领域时，通常信心不足，而如果经营小项目就不用担心自己没有技术，没有经验，可以找一个适合自己的加盟小项目。通常，项目总部会有一个全方位的培训，让初创业的女性全程无忧。家住湖南长沙的李女士，就在环球商机网上找到了一个特色小吃的加盟项目，现在她经营的小店生意非常红火，收入是上班同学的 3~5 倍。

理财宝典

对规模不同的企业来说，大有大的气派，小有小的玲珑。反过来，大有大的难处，小也有小的不足，各有甘苦。女性在创业之初，一定要对自己的状态有一个正确的认识，从小投资开始积累经验，由小到大，最终能走向成功。

第八课 女老板圈钱有道——自主创业，把脑袋变钱袋

小本生意重在周转快

在国内，浙商的经营经验是广受追捧的，他们有自己独特的生意经。在浙商语录中，有这样一句话：小本经营，重在运转爽快，货不停留利自生。做生意，重要的就是能够快速周转。这对于创业女性有很大的借鉴意义，一定不要小瞧了小本生意的价值，在运营过程中它有很大的优势。

市场经营环境常常是瞬息万变的，市场行情此一时彼一时，谁的反应速度快，能适应市场的变化谁就能赢得时间，争取经营主动权。小本经营有一个明显的优势就是"船小掉头快"，只要经营者时刻保持清醒的头脑，及时对市场变化作出灵敏快捷的反应，抢先抓住稍纵即逝的商机，一定能够实现小本大利。周转灵活是市场经济的必然要求，在商品过剩，现金为王的今天，最重要的发财手段就是在产品更新换代之前"快速出手，多多出手"。

对女性朋友来说，关注那些"谁都能做"的小商品，从蚂蚁商人做起，秉持着"小钱不赚，大钱不来"的观念，规模经营，薄利多销，不怕产业小，就怕不专业。做生意，务必要重视"周转"这个名词，当然，不同的行业有不同的周转方式和周转周期：房地产几年后才能完工；连衣裙通常以一年为期；以月为周期的行业更是不尽其数。你可以通过提高生产率、降低成本来加快周转。

万万不要想一口吃个胖子，从小本生意开始，有它不可忽视优点：

（1）赢在提高周转率

过去，最有效的赚钱手段是卖高价——提高利润率。今天，最显著的赚钱手段已变成提高周转率。过去利润高但是最终赚钱少，因为卖得少；今天利润低但"薄利多销"，最终赚钱也不少，因为销量大。

（2）低价格增加周转速度

价格战曾经备受责难，那是因为它损害了遵循传统利润模式的公司的利益，但毫无疑问却受到了钞票最热烈的追捧。在法律规定范围内，采用低价策略吸引消费者和客户，是提升周转速度的高招。

（3）认清不同行业的周转方式

不同行业有不同的周转方式和周转周期，创业女性一定要认清行业的周转规律，并通过正确运用规律为自己创造财富。

理财宝典

女性做小本经营，最应该具备的就是"喜新厌旧、随机应变"能力。经营小本生意既可以在市场不景气的时候随时改变方向，又可以随时探索发现新的创富项目，调节经营的产品或服务来适应多变的市场，从而发展新的生意，赚取新的财富。

适合女性的四种创业小店

贤惠、温柔、聪颖、细致，这些都是中国女性的传统美德，作为女性，如果你具备了以上一些优点，又不甘心于上班族的平淡与寂寞，想在人生舞台上一展拳脚展示自己的魅力，打拼出一片自己的灿烂天地，那么以下的开店参考或许能给你带来一些启示。

（1）开间个性化 T 恤店

个性化是眼下很时髦的词，人们好似已经厌倦了衣着的千篇一律，在街上走着，碰到与自己身穿一样的人，总会有一种"撞衫"的窘迫。但如果所穿的衣服，全世界仅此一件，那该是什么样的感受。

因此，女性可以选择开一间个性化的 T 恤店，将所有 T 恤的图案都制作的十分特别。这些图案，可以把它制作成中国传说的剪纸图案，也可以是十二星座的图案等，任何有特点的图案都可以印在 T 恤上。店主不仅可以为顾客提供个性化的成品，还可以让他们享受个性化的服务，比如：根据顾客的要求改变图案的颜色，加印名字或其他文字，还可以让顾客自定照片或图案等。

当然，开个性化的 T 恤店也是有一定难度的，在 T 恤店的背后，最好是要有自己的制作工厂，而其中的图案设计及工艺人员也是必不可少的。但是需要注意的是，商品如果过于个性化，就会曲高和寡，失去市场受众，如果这样话，个性 T 恤依旧没有很好的销量。因此，店里的 T 恤既要有大众化的市场基础，又能体现个性化，这样才能在同类产品中脱颖而出，生意兴隆。

（2）开间果汁屋

现代人越来越重视饮食质量，尤其中意于食物的原汁原味。出售新鲜的榨果汁正是迎合了都市人的需求。顾客来了，果汁现榨现卖，喜欢什么口味就榨什么水果，这既满足了现代人快节奏的生活，又满足了顾客对于健康的需求。

开果汁屋的关键之一就是选址，只有选好店址经营起来才能更加容易。在选址过程中可以考虑以下几个地点：

①大型购物中心和综合性商场内，面积 10～30 平方米较为合适；

②商业步行街，在南方有的商业步行街比购物中心更具有优势；

③大城市的综合写字楼内，办公人员不低于 8000 人为好；

④快餐区、娱乐休闲区等年轻人比较聚集的地方。

其次，果汁店的装修也是一个重要环节。店内的装潢一定要精巧别致，最好将室内设置成一个水果的造型，然后里面摆一个一米多长的吧台，备榨的水果尽量丰富新鲜一些。同时要注意店内凳子的数量，一定要备足，为顾客提供可以暂时歇脚的地方，这样也可以加速客流量与销售量。

最后，对于那些怕麻烦的女性创业者来说，果汁屋也是一个不错的选择。因为开果汁屋手续比较简单，只需购买桌椅、柜台、榨汁机、冰柜以及杯碟等，再加上房租水电费以及简单的装修，投资也就二万元左右。薄利多销，就算在淡季也会有可观的收入，能够很快地收回成本。

（3）开间花店

没有哪个女人不爱花，看到娇艳欲滴的鲜花，每个女人都会由衷的开心、幸福。同时，随着人们生活品位的提高，休闲插花也逐渐成为一种时尚的休闲方式，对鲜花的需求量也会激增。

首先，开花店的成本很少，有 3～5 万就能运作起来，花店店面的要求也不是很高，小花店 20 多平方米也就可以了，每天花材的更新消费也就是 200 到 300 元不等，日常流动资金不需要很多。

其次，鲜花的消费人群比较广泛，比如：去医院看望病人，鲜花就比较合适；看演出和电影的人也会购置鲜花；学生会经常购买鲜花和礼品；都市白领也会买些鲜花来布置自己的办公室；很多单位举办活动，就需要购置大批花卉。这些消费人群，都可以保证花店的正常经营。

当然，在开花店之前，创业女性最好是去学习掌握插花这门技术。插花是门技术，更是艺术。要了解包花、插花技术，还要知道什么花送什么人，什么场合用什么花，这些既可以向专业花艺师学习，也可以通过插花书籍，自己多加练习，慢慢地熟能生巧。在经营的过程中，一定要保证鲜花的新鲜，要有诚信，要为自己挖掘潜在客户，因为服务性的行业，最重要的就是口碑，大家口口相传，无形中为自己赢得了更多的营业额。

最后，开花店受益最大的还是创业者自己。花房，远离勾心斗角、嘈杂纷乱的环境，听听喜欢的音乐，闻闻花香，再泡上一壶清香的茶水，就会让你抛下所有烦恼，尽情享受眼前的宁静和安逸。

（4）开间茶坊

茶坊对于现代人来讲，真可谓是一处修身养性、放松自我、停泊心情的阳光地带。开办一间独具特色的茶坊，不一定要在都市的繁华地段，也不一定需要多大的房间，但店面装修一定要别具一格，店内设置一定要清新高雅，服务人员要具备必要的茶道知识，店名也要雅致，店内可有背景音乐，也可设几个书架摆上数种休闲报纸杂志，还可以开设各种棋类及书法等怡情项目，让茶客在一壶茶、一本书、一盘棋中品味人生，享受生活的乐趣。

当然，开设茶坊，需要创业女性具备一定的文化修养和审美水平，惟有如此，你的茶坊才能彰显茶道的内涵，以不同凡响的品位吸引顾客。

理财宝典

对女性创业者来说，开一间小店容易操作，并且能够引起当事人很大的兴趣，进而从中得到锻炼与成长。不过，更重要的是，我们要重视自己的掌控力，务必找准自己的创业方向。

洞悉赚钱的三个层次

对创业者来说，首要的目的就是赚钱。然而不同的人，因为选择创业项目的不同，创业规模的不同，一定会有盈利的多与少、赚钱的难与易之分别。

一位长期研究创业和公司发展的学者，总结了赚钱的三个层次，可以为女性创业者提供理念上的借鉴。它们是：

（1）人找钱的阶段

这个阶段也可以称作是靠体力赚钱阶段，它最辛苦、最疲劳、压力最大。没有那么多的营业消费量，就需要创业者自己出去拉业务，这必然是一个艰辛的过程。人们对新事物总是会有一个排斥的心理，他们或许对你不理睬，也可能当下敷衍过去，但终究不会有太大的成效。就像一些人摆地摊，早上五点起床，去进菜，整理菜，遭人的白眼，还被城管撵着到处跑一样窘迫的境地。

人找钱是做生意最基础的阶段，也是必须坚持的阶段。虽然苦点，但是只要坚持下来，就有希望，就有盈利的可能。

（2）钱找人的阶段

这个阶段也可以称作是靠信誉赚钱阶段。在第一个阶段的基础上，创造了一定的信誉，也积累了一定数量的固定客户。就像有的人从摆地摊到进市场开批发部，再加上一些老主顾的帮衬，生意就相对好做了，成功的几率就更大了。

现在一些中小型企业都处于这个阶段，做得非常辛苦。因为它处于一个不上不下的阶段，虽然完成了资金的原始积累，但更重要的是

第八课

女老板圈钱有道
——自主创业，把脑袋变钱袋

找到了自己的优势，做大做强，否则即便处于第二个阶段，也容易在激烈的市场竞争中被淘汰。

（3）钱找钱的阶段

这个阶段也可以称作是钱生钱的阶段。它是在有极大资金积累的情况下，用剩余资金或者运作资金的阶段。前两个阶段的赚钱方式，都是要靠时间、精力去换取金钱，靠的是"人追钱"，但在第三个阶段，过的就是"钱生钱"的轻松生活，达到"让钱为我们工作"的赚钱境界。

这里给想要创业的女性朋友讲一个广为流传的曼哈顿岛的故事：

曼哈顿岛最初是一个荒岛，1626 年，一个荷兰人用 60 荷兰盾（折合 24 美元）的物品从印第安人的手中换取了这个荒岛。而现在，曼哈顿岛成为全世界最繁华的大都市，至少值 50 万亿美元。我们现在来看这宗交易，感觉那个荷兰人赚了大便宜。不过，假设卖出曼哈顿荒岛的印第安人，当时把卖岛所得的 24 美元拿去投资，仅以 8% 的年复利来计算，到了 380 多年后的今天，这 24 美元已经"成长"成 120 万亿美元。而 120 万亿美元远超出曼哈顿岛的现值，他们又可以极为轻松地将曼哈顿再买回去。

从这个故事可以看出，让钱生钱，首先要让钱从你的口袋里"走"出去，让它进入投资领域，去为你赚钱。关键是要把钱投入到投资领域而不是消费领域。每个女性都有难以克制的消费欲望，这既不利于积累财富也不利于女性的理财计划，只有克制欲望，延期消费，将钱投资出去才可以获益。

其次，还要让钱获得稳定的收益，"收益稳定"是钱生钱的关键。我们来做一个简单的计算，假使有 1 万元投资到收益大风险也大的领域，第一年获取50%的高收益，但第二年却亏损了40%，第三年再获利30%，第四年又亏损25%，第五年收益35%，第六年亏损30%。从表面来看，这六年里，每隔两年都有一个5%以上的正收益，但到了第六年末，一计算，不仅没有给投资者带来收益，反而亏损了17%。

因此，一定要追求稳定的收益，因为平稳收益率与长期持有相结合产生的效果将是意想不到的巨大财富效应。但往往有些人，追求快速致富，一夜暴富，结果却致富不了。

纵观这三个阶段，每个阶段都有不同的特点，创业者一定要正确理解自己所处的阶段，该吃苦耐劳时，勤奋拼搏，该做品牌信誉时，一定要舍小利而讲诚信。这样一步一个脚印，稳扎稳打，不急不躁地走向成功。

理财宝典

女性既然已经选择了创业这条道路，就一定会在过程中经历这三个阶段，每个阶段都有苦有甜，女性在对待每个阶段都应该有一个正确的态度。当女性经历过这三个阶段后，就可以在商场上游刃有余了。

跌倒了，再爬起来

创业，没有一帆风顺的，总会遇到这样那样的挫折与失败，做生意遇到瓶颈期，没有一定数量的营业额，甚至赔了钱，这都很正常。关键是，不能因为害怕犯错误就畏畏缩缩停滞不前，更不能犯同样的

第八课 女老板圈钱有道——自主创业，把脑袋变钱袋

错误，要善于在错误中总结经验教训，尽量少犯同样的错误，这样才能减少跌倒的几率。对此，女性朋友在创业之初要有心理准备。

阿里巴巴创始人马云说：创业就像人生，是一种经历。人在死时不会后悔做过什么，而会后悔没做过什么。因此，做一件事，无论失败与成功，总要试一试，闯一闯，不行的话可以掉头，可以在失败的地方爬起来，但是如果不做，就永远不可能有新的发展。

每一个创业者都会经历相似的生命周期。这个周期一般就是 10 年。有人曾经断言："10 年后，有 8 成的生意都会结束。"随着时间的推移，这句话不断被证明是正确的。

创业者的生命周期大致可以分为三个阶段：成长期、成熟期、衰退期。创业者面对这个自然的定律，应该怎么办？即便在衰退期，创业者也要明白，任何投资都有不可预测的风险，市场变幻莫测，行情大涨大跌，这就要求创业者要有良好的心理素质，有较强的承受能力，要赢得起也要输得起，大喜大悲的人，最容易失败。因此，在遇到创业的瓶颈期，一定要调整好自己的心态，正确看待企业所面临的问题，通过向专家咨询、看书等方式来度过困难阶段，最重要的是要有敢于直面困难的勇气。

吴尚英今年 30 多岁，曾经在南京一家石化企业工作，年收入 2 万元左右，工作比较稳定。但是，她并不想就这样过下去，"想找个平台，进行创业，试试自己的深浅"。于是在去年五月，吴尚英辞职创业，在朋友推荐下，代理了马来西亚品牌咖啡。这种咖啡和目前中国市场的大部分咖啡不同，它是由咖啡、脱脂奶粉、糖组成的，是纯天然的，它对人体几乎没有副作用。

亲戚朋友都试喝过这种咖啡，认为很不错，但不知为何，这样的咖啡在南京就是卖不出去，研磨出来的咖啡卖不出去，再加上前期的启动资金、装修、进货等投入，没有顾客消费就相当于在做赔本买卖。还有一个重要的因素就是咖啡的外包装问题，目前市场上销售的产品基本上都是盒装，而她的却是袋装，虽说减少了成本，但"面子"上有点过不去。还有一个问题让吴尚英头疼，那就是在全国各个城市寻找经销商，她曾经亲自到各地找经销商，但花了将近10万元的各项费用，仍旧是白跑一趟。

这时，吴女士就遇到了极大的困难，专家给出建议：

不要轻信暴利。现在，一些吹嘘"投资少，见效快、回报高"等能一夜暴富的广告铺天盖地，以高额回报为诱饵。其实，投资的利润率，一般处于一个上下波动但相对稳定的水平。投资项目的利润有高低，但不会高得离谱。投资者在选择项目时，最好先到当地技术部门、工商部门咨询一下，以免上当受骗。

不要大量贷款。吴女士在刚开始投资的时候，一定要根据自身的情况量力而行，不能借贷太多，否则容易造成心理压力过大，极不利于经营者能力的发挥，很可能影响自己做出正确的判断，一次"赌博式"的投资就可能毁了自己的事业。

吴尚英女性其实找到了一个很好的市场空白点，但由于一些投资与经营方面的知识不足，从而导致了创业的不顺利。在专家的建议下，端正创业心态，爬起来再干，一定会获得不错的收益。

失败使人成熟、使人升华，在创业的道路上，失败并不等于是投降，失败是交学费，为的是东山再起、下一回从头再来，失败常常是成功的必经之路。殊不知，乔布斯和史玉柱都是数度摔倒又爬起来迎风而立的巨人。一切都将成为过去，当多少年后回首今天，没有此时

 第八课 女老板圈钱有道 ——自主创业，把脑袋变钱袋

此刻此情此景刻骨铭心的痛，创业将是多么平淡无味；创业犹如炼狱，不经历失败的练历，创业者又怎能够百炼成钢？

同时，失败也是对一个人人格的考验，尤其是对于一个女性创业者而言更是如此，在一个人失去了除生命之外的任何东西时，剩下的勇气还有多少？一个一往无前、永不言败的人，才能取得更大的胜利。爱默生说："伟大的人物最明显的标志，就是他拥有常人没有的坚强品质。不管外部环境坏到何种程度，他的希望仍然不会有丝毫的改变，而最终克服障碍，以达到所希望的目的。"

理财宝典

创业中，最避免不了的就是失败。在面对失败的时候，女性应该保持一个积极乐观的心态，就像理财一样，刚开始都会有不顺利，但就算失败了，也要给自己力量，从哪里跌倒从哪里爬起来，成功从来不钟爱于一帆风顺的人，只有那些愈挫愈勇的女性最后才能收获成功。

有一种胜利叫撤退

看过《潜伏》的人，一定不会对这句台词感到陌生，那就是"有一种胜利叫做撤退，有一种失败叫做占领"，它描述的是在地下工作者的一种工作状态。

日本经营之神松下幸之助在自己的创业史上，就有过无数次的撤退。他说，"这就像拳击比赛一样，收回拳是为了更好地出击。商场如战场，有进有退。不成功绝不罢休固然是真理，但敢于撤退才是伟大的将军。"

对于投资者来说，利益两个字极其诱人，有人因为利益蒙蔽了双眼，对市场做出错误的判断。但事实上，只要创业者保持一种静若止水的心态，拥有收放结合的达观理念，选择合适的退出时机，或者保持一种理性的退出策略，才会最大限度地保护自己的利益。

这句话在股市被深刻验证，大盘上涨的过程中，存在着离场或减仓的问题，有时尽管指数再继续攀升，但投资者能够明显感觉市场不对劲，比如权重股或权重板块在硬生生地拉着大盘涨，可多数股票不跟涨，甚至开始下跌，这说明投资者对走势出现较大分歧，至少是不那么齐心了。也就是说大家都开始意识到风险，在这种情况下，如果没有强大的外力刺激，大盘形势就很难说了。这时明智的投资者就要敢于撤退，不贪图眼前的小利益，从而保存实力。

尽管这些信号并不总是正确的，但在情况不明朗的情况下，保守一点总是没有错的。著名的"墨菲定律"就揭示了这一道理：凡是可能出错的事必定会出错。指的是任何一个事件，只要具有大于零的几率，就不能假设它不会发生。里面虽然含着悲观主义的元素，但世上永无常胜将军，创业过程中不免有挫折失败。正确判断行业形势，及时撤退才是上上策。

要做好创业过程中的撤退，必须把握好两个细节：

（1）在行业衰退的初期进行撤退

这种战略是基于这样一个前提，即公司在衰退的初期早就把其营业单位卖掉，则还能够最大限度地获得净投资额的回收，而不是实行收获战略而到后期才出售营业单位。

第八课
女老板圈钱有道
——自主创业，把脑袋变钱袋

在某些情况下，在衰退之前或在成熟阶段中，就放弃营业可能是合乎需要的。一旦衰退明朗化，行业内外资产的买主将处于更强有力的讨价还价的地位。另一方面，尽早地出售营业单位也会使公司承担这样一种风险，即公司对未来的预测将证明是不正确的。

（2）考虑将公司的资产转售给竞争对手

迅速放弃战略会迫使公司面临诸如形象及相互关系之类的退出障碍，虽然早期退出通常在某种程序上会缓和这些因素。公司能够运用某种私人标牌战略或将产品出售给竞争对手，以便有助于缓解其中某些问题。

"坚持"通常是取得成功的必要法门，但是"撤退"和"掉头转向"有时也许就是"柳暗花明又一村"的"彼岸"。

理财宝典

女性在创业过程中，最忌讳的就是钻牛角尖，在面对一个死胡同的时候，一定要选择撤退。因为勇敢的放弃也是另一种意义上的成功，有得必有失，在女性理财中也同样适用。

第九课
财务安全最重要

——预防财务危机，远离个人破产

理财中的亏损，人生中的厄运，是个沉重的话题。意外的风险，不期而至的损失，不仅导致个人财富缩水，也或多或少地影响到了我们的心理状态，甚至改写人生命运。努力防范财务危机，确保财务安全，这样才能避免个人破产，让理财变得更有意义。

学会计算离婚的成本

婚姻就像一件袍子，无论多么光鲜、多么艳丽，在柴米油盐的浸泡中，也会产生污垢、灰尘、褶皱。尤其是夫妻之间相处的时间长了，难免会有摩擦与隔阂产生，甚至出现无法逾越的心理鸿沟。这就涉及到经营婚姻的艺术。

无论发生了什么，两个人最好应该坐下来好好谈一谈，珍惜来之不易的感情，这才是最理智的。如果硬要争个你死我活，只能是两败俱伤。而从理财的角度看，离婚并非最佳的选择。如果离婚成为定局，女性朋友则要学会计算离婚成本，早做打算。

单从经济角度来说，离婚也是一件劳民伤财的事情。夫妻一场，双方付出很多感情，付出很多努力，当然，也付出了许多物力和财力。一旦选择离婚，每个人都无法全身而退，甚至会打乱自己的人生规划，加剧人生风险。一旦感情破裂，走到离婚这一步，核心话题只有两个：孩子归谁养、家产怎么分。于是，离婚总要跟金钱扯上关系，离婚不仅是离婚本身，而是一堆钱、一堆东西、一套房子的事。

王女士和丈夫属于典型的 80 后"闪婚闪离族"——结婚不到两年，就因感情不合准备离婚。但因为离婚牵扯到房子归属，双方多次协商不成，因此王女士准备请律师到法院起诉离婚。

律师给其算了一笔账，法院诉讼费：一般为 50 元至 200 元（简易程序 100 元），如果夫妻双方共同财产超过 20 万，超过 20 万的部分还

第九课 ——财务安全最重要——预防财务危机，远离个人破产

需按0.5%收费；律师费：至少3000元（也是根据争夺的财产金额来算的，财产越多，律师费越高）；交通费：200元（来回法院三四次的士费）；房屋评估费：800元。（共计：4200元）

最后，律师提醒王女士，如果夫妻双方中任何一方对判决结果不服，提起上诉，还将产生与一审相同的诉讼费。这些都是必不可少的开支。

根据律师的提醒，王女士计算了一下，家里的新房是她和丈夫共同购买的，房屋面积125平方米，按每平方米4000元计算，房屋共50万元。如果房屋归王女士所有，那么她还要付给另一方25万元。而家里的汽车等共同财产，如果平分的话，王女士至少还要给对方15万元。因此，王女士办完离婚至少得付出40万元。想到这里，王女士傻眼了，这笔高昂的离婚费用真不是自己能承担的。

生活总是很现实的，聪明女人要会计算离婚的成本，让自己实现财务安全、生活有保障。现代社会离婚率居高不下，而不少人在离婚时因为财产分割、子女抚养等问题无法与配偶达成一致，选择对簿公堂。当越来越多的人希望通过起诉离婚选择幸福和自由时，更需要把注意力集中于离婚成本，做到有备无患。

概括起来，离婚成本主要包括下面几点。每个当事人都应该对此深思熟虑，既要照顾到内心的情感需要，也要承担起应有的责任，从而做出正确的选择。

（1）经济成本：增加个人财务负担

新的《婚姻登记条例》实施后，离婚手续变得更加简便，只要双方达成离婚协议，带好相关的证件以及协议书，就可到民政部门办理，只要9元钱即可。好聚好散，大家能协议离婚，当然是最省成本的方式。然而，并不是所有的离婚都这么简单，离婚常常还牵扯到财产的分割、孩子的抚养权。随着市场经济的发展，许多房子成了商品房，个人财产也超过了以前的财产数额，造成双方对财产争议比较大，因此诉讼离婚的就多了。

如果通过诉讼离婚，会产生一笔不小的费用。首先，法院的诉讼费用包括，离婚案件每件交纳 50 元至 300 元。涉及财产分割，财产总额不超过 20 万元的，不另行交纳；超过 20 万元的部分，按照 0.5% 交纳。如果离婚时要请律师，就会产生律师费。涉及到房屋、企业资产的价值评估，还要给评估机构交一笔不小的评估费，这笔费用也在百元至千元内。除此以外，办理诉讼离婚的过程还会产生交通费，不服法院判决的，还要面临二次诉讼等。同时，双方共有财产也会因此缩水和损耗。

（2）时间成本：纠纷耗时长，身心疲惫

如果是协议离婚，证照齐全，半小时搞定。双方好聚好散，的确不会耗费彼此很长时间。如果是诉讼离婚，时间就很难确定了。因为这其中牵扯到重大的利益纷争，而当事人双方都没有达成协议，因此这种纠纷很难妥善解决。

一般而言，如果与对方协商不成，在找律师与对方协商，律师安排的时间一般会在两周左右。在此时间内，如果谈判没有进展，律师会通过法院立案。离婚案件一般为简易程序，3 个月内审结。如果一审一方态度非常坚决反对离婚，法院调解无效，一般会在很短的时间做出判决。当然，如果一审法院没有判离，6 个月后再起诉，时间又要重新计算一回。这中间，评估时间、鉴定时间都不包括在内。总之，诉讼离婚会耗费双方相当长的时间。

（3）精神成本：思想压力大

在离婚纠纷中，法官感触最大的就是"双方见面就吵"。这时候，双方已经没有了往日的情感，甚至连应有的客气都抛弃了，简直成了

第九课

财务安全最重要
预防财务危机，远离个人破产

敌人。于是，彼此发生争吵，甚至是过激肢体行为就不奇怪了。

在整个离婚诉讼过程中，当事人的精神往往易烦躁，喜怒不易控制，因为上法庭是男女任何一方都不愿意面对的事情，案件诉到法院，任何一方当事人都会面对来自社会的压力，来自父母的压力，甚至来自自身思想的压力。因此，才会出现离婚纠纷没有不吵的现象。

高强度的精神压力，不仅让当事人得不到休息，还会给工作带来恶劣影响，使人无法安心做事，大大影响了工作的效率和绩效。此外，人们在离婚期间还可能作出一些过激行为，给身体带来威胁。这些都是思想压力过大导致的恶果。

（4）教育成本：父母对孩子必须付出加倍的努力

离婚的时候，一旦双方有了孩子，那么就必须考虑孩子的成长。无论自己是否是与孩子共同生活的一方，夫妻中的任何一方都不能逃脱对孩子教育的责任，除了给孩子物质上的帮助以外，还要面对孩子心理上对自己的敌视。

通常，单亲家庭的孩子成长会面临更多的问题，父母必须付出加倍的努力，这也是离婚最大的成本之一。有的孩子在父母离婚后心理失衡，学习也受到影响，乃至走上违法犯罪的道路，令父母寸断肝肠。

理财宝典

离婚会给当事人在经济上、精神上和孩子教育问题上带来不利影响，造成不同程度的损失。对此，考虑清楚每一个细节，并找到解决问题的方法，是处理离婚问题的应有之义。

注重家庭财务安全规划

风险无处不在，家庭生活中也不例外。各种意外的伤害、事故，不但给家庭成员造成肉体、精神上的损害，还会带来财务上的损失。对此，我们不得不防。具体来说，家庭生活中都存在哪些风险，我们又该如何防范和避免呢？

第一，各种潜在危险。

比如，由于家中主要工作者亡故、意外失去工作能力等，使家中主要经济来源中断；家中成员罹患重大疾病，尤其是慢性病，庞大的医药费支出，往往使一般家庭无法负担；投资错误，如利用举债、融资的方式过度投资，因不幸投资错误而惨赔；受人连累而负债，现在也时常听说有人为别人作保，到头来莫明其妙地背了一身债。

对此，女性朋友们要通过理财构筑一套"防御工事"。"防御工事"之一是"保险"。投保时要掌握好"保险归保险，投资归投资"，使保险充分发挥其保障性功能。此外，家中一定要存有一笔相当于三至六个月家庭收入的"紧急资金"。这笔资金不一定是现金存款，也可以是变现性较强、较安全的投资工具，如定期存单、债券等。最后，家中的管理财务者，应定期将家中财务资料整理好，置于安全处，一旦发生问题，好使全家人清楚了解财务状况。

第二，家庭投资的风险。

为了增加家庭收入，我们习惯进行多种投资，实现开源的目的。投资所带来的风险，是一个家庭要重点考虑的问题。因为，有投资就

第九课 财务安全最重要——预防财务危机，远离个人破产

有风险，这是一条"铁律"。它除了有风险高低之外，在性质上也有差异。最重要的是，明确各种风险的存在，并找到应对之策。

◎政治风险：如某一地区政治不稳定，会使投资人却步，因而导致股价下跌。这是一种不可控的因素，女性投资者往往无能为力。

◎财务风险：以股票或债券而论，会因公司经营不善，财务状况不佳使股票价值下跌或无法分得股利，或使公司债券持有人无法收回本利。

◎市场风险：投资股票、期货时，市场行情波动会使持有的股票、期货合约的价格随之变动而造成损失。

◎通货膨胀风险：通货膨胀会使钱贬值，失去原有的购买力。如果投资的回报率赶不上通胀的水准，实际就等于赔钱。一般来说，通胀加剧时对金融性资产的影响最大，但不动产和黄金等的抗通胀性则好得多。

◎利率风险：市场利率变动，也会使投资造成亏损。例如投资债券时，利率上升使债券价值下跌，造成损失。综合以上分析，可以看出虽然进行投资是改善家庭收入的重要工具，但在进行投资前，最好先衡量一下会遇到什么样的风险，以及自己能否承担这样的风险。

既然家庭财务风险随时存在，我们就要掌握防范与化解风险的具体方法，让一家人生活在稳健的财务保障体系内，真正实现衣食无忧。

（1）分散风险

对理财总风险而言，应根据收入情况安排，对于工薪家庭，一般可将收入的1/3用于消费，1/3用于储蓄，还有1/3用于其他投资。就投资风险而言，可对股票、储蓄、国债和保险搞个投资组合，这样可以分散投资风险，也不至于因此影响到家庭生活。对偿债风险而言，借入资金的总量和结构一定要与未来现金流入总量相适应，避免还债期过于集中和还债高峰出现过早，创造一个较为宽松的外部环境。而且借入款项要做到短期融资短期使用，中长期融资中长期使用，特别是在住房借贷时要合理规划。

（2）降低风险

缩小风险损失或伤害的程度、频率及范围，使其限于可以承受之内。降低风险按过程来说，有事先控制和全过程的控制，如对投资金额、成交价格、成本费用设定界限，不得突破；对于合理的民间借款要签订书面协议，要素要齐全，一旦违约，及时催收，如发生纠纷，可以向法院提起诉讼；不轻易为他人提供担保或抵押。为他人提供担保，其实质就是依法认同自己是第二债务人，要负连带责任。

（3）接受风险

接受风险就是自身承受风险所造成的损失或伤害。接受风险的原因主要是：A. 回避或控制风险有较大的局限性，有些损失或伤害是躲不开的，如人的生老病死、地震和水火灾害等；B. 不能认识到家庭面临的风险而处于盲目状态；C. 家庭面临的风险不大，或风险虽大而有来自家庭外部的保障，家庭自身可以承受这些风险造成的损失或伤害；D. 家庭财力不济，无力购买保险或采取其他相应措施；E. 在投资损失已成为既定事实的情况下，或防范风险所需成本高于风险带来的损失时，只有接受风险。

总之，在生活中本身就隐藏着许多财务危机，有些处理起来较容易，但另一些危机一旦发生，若无防范措施，很可能会让一个家庭面临瓦解。因此，谙熟家庭生活中潜在的风险，并找到相应的防范措施，是提升生活质量的王道。

理财宝典

很多时候，做家庭财务规划，人们更看重回报到底有多少、收益率有多高，却忽略了家庭财务的安全性。只有拥有足够的抗风险能力，家庭财务才能自由、自在。在家庭财务的金字塔中，人寿保险、重大疾病保险占有重要地位，是实现家庭财务安全的基石。

单亲妈妈财务安全计划

目前，中国的离婚率已经达到了 15%，并且呈逐渐上升趋势，于是单亲妈妈越来越多。一个不容忽视的问题是，许多女性离婚之后，相对较低的工资收入和较为保守的投资方式，都有可能使她们形成潜在的财务危机。

对单亲家庭来说，防范风险、建立财务安全网是理财的基础和重中之重。实现的手段主要是保险和备用金，将不少于 1 万元的人民币存入银行，固定不动，以备不时之需。除此之外，建议现有资产和今后收入节余按 5：5 分别进行权益类投资（如股票基金等）和固定收益类投资（如存款、债券基金等）。

显然，单亲家庭的保险额度至少应为子女成年前所需的生活费、学费的总和。如果经济能力充裕，则可趁早为小孩规划独立的保单。因为附加在父母之下的儿童保障最高只保障到 25 岁，为免单亲家长因身故而保障中断，最好让子女有独立周全的保障。

在规划之前，应先遵循两个原则：一是重要性优先紧迫性原则。在你的规划中一定分清次序，首先为最重要的事情提前早做安排，比如为你和孩子做好保障计划。二是长期目标优于短期目标原则。可能你现在房子不够大，想尽早改善一下居住条件，也可能你想近期买一辆汽车方便接送孩子，但在这些生活目标实现之前，一定要保证你的退养计划和孩子的教育基金已经建立。

考虑到上面这两项原则，单亲妈妈在进行理财规划时，不妨从三个大方面入手：保障、退养、教育。

（1）实现基本的生存保障

单亲妈妈理财的第一步要从风险规避开始。很多单亲妈妈常咨询给孩子买什么保险，其实对于单身妈妈来说第一顺序应考虑自己。如果财力较殷实，有节余后再考虑孩子的健康险。通常你可以选择成熟的保险产品，在这里要说明的是，你一定首先考虑保险的保障功能，比如意外险和大病险。选择定期寿险可单纯地规避风险，在这基础上如果你的财力足够，再适当考虑兼具投资保值功能的万能险附加大病险亦是不错的选择。

显然，假如妈妈出现了风险，能以较低的成本给孩子留下一定的保障，当孩子长大时可调低保额，加大用于投资的部分。单身妈妈压力较大，突发重大疾病对整个家庭都是灾难性的，附加大病保障能够分散健康风险，比单独购买大病险会较省钱。不建议保费太高，年保费通常不要超过你收入的20%。

（2）提早打算退修生活

单亲妈妈未来的生活可能存在很大的不确定性，但不管如何变化，为退休后的生活早做打算是从现在这个时刻必须要开始的，一方面可以通过未来的保障解除后顾之忧，另一方面也为将来子女对父母的赡养减少压力。

退养计划的第一步要了解你对退休后生活的预期，计算出你退休后几十年需要的费用，从而倒推出你现在的资金缺口。根据你现在的收入节余状况以及资产投资状况，再考虑你风险承受能力的前提下重新调整你的投资组合和预期收益。比如，你是温和积极型的投资者，但你原来大部分资金可能都只是在银行存定期存款或者购买国债，虽然无风险但收益有限，长期考虑你的资金缺口可能难以弥补，因此你可以在承受能力允许下进行一些基金、非固定收益理财产品等投资，使投资组合的综合收益率达到你的测算标准，保证你整个计划的执行。

（3）为孩子教育储备资金

教育计划的指导思想应该是"专款专用，化零为整"，整个计划其实是由不同期限的若干小计划组成。你的孩子明年上小学，7 年后上中学，13 年后上大学……那就意味着你要确立 1 年期、7 年期、13 年期等不同期限的投资，当然期限不同投资产品也会不同。很多人喜欢先攒够上小学的钱，上了小学再开始攒上中学的钱，上了中学再考虑上大学的钱，事实上这不是一种好的财务规划，没有体现长期投资的时间价值。

当然，根据期限长短和目标紧迫性不同，各期限计划资金可以按时间长短反比例递减分配，同时配合定期定投的方法，实现远期目标早打算的目的。此外，还要科学地安排好孩子的零用钱和每年数字不小的"压岁钱"，从小树立孩子的理财意识，不仅减轻了妈妈的负担，也培养了孩子良好的理财习惯。

理财宝典

单亲妈妈离婚以后，带着孩子生活，特别需要注意防范生活中的各种风险。在财务规划上，需要提早准备，确保物质生活得到切实保障。单亲妈妈是全家的支柱，健康是幸福生活的基础，除了基础保障之外，健康也是另一种意义上的投资，因此一定舍得花钱锻炼身体，保持身心的健康，精心的规划才能够最终得到顺利执行。

制定科学的投资规划

投资，并不是件容易的事情。它不仅涉及到女性朋友的经济状况，其结果还会影响到以后的生活与个人职业发展。因此，在做理财投资之前，一定要做好大量的准备工作，这样才能合理运用你手中的资金，减少不必要的开支。

要做到合理运用手中的资金，应该遵循以下几个方针：

◎制定一套适合自己实际情况的投资计划和策略，千万不能胡乱投资。

◎定期检查并调整投资项目，不能一条道走到黑，要随机应变，顺风使舵。

◎最好能花费些时间去进行研究，如调查市场行情走势，了解最新信息，掌握他人心理。自己要做好投资记录分析，不可以"坐以待息"，被动地等待天上馅饼掉下来。守株待兔绝不是一个真正成功的投资者的态度。

◎投资分析尽可能做到客观公正，尽量考虑各种影响因素，时时保持冷静头脑，切不可意气用事，误打误撞。更不能把赌博的心态带入投资活动中去。

总之，在投资过程中，要合理运用资金就应该有所准备。为此，我们需要制定一个明确的方针来指导资金的合理运用，避免投资失误带来不必要的浪费和损失。制定科学的投资规划，需要把握下面三个要点：

第九课 ——财务安全最重要——预防财务危机，远离个人破产

（1）投资一定要有计划性

在制定投资计划之前，不仅要明确投资的指导方针，而且应对投资所涉及的一些具体情况作深入的调查了解，这样才能使计划具有可实施性。在制定计划时，应对投资环境、资金额度、预期收益等情况进行全面的分析了解，做到心中有数。

（2）制定严密的资金使用流程

"借钱难，用钱更难"。用好钱就要"把钱花在点子上"。严格的资金使用流程，有利于我们使用资金时充分考虑资金的实际情况，有助于控制资金风险，充分利用财务杠杆以取得最佳效益。另外，在家庭投资理财中，资金使用的内部控制建设应遵循规范、安全、高效、透明的原则，遵守承诺，注重使用效益。

（3）为日常生活留出足够的费用

有的家庭在投资理财中，选择的是时间较长的理财项目。而在日常生活中，我们难免遇到急需用钱的时候，这时候就需要借用储备资金了。如果在家庭投资理财中没有做到未雨绸缪，那么就容易让自己陷入被动局面。

（4）远离"疯狂投资"

投资是一门艺术，既有巨大利润的诱惑，又充满着可怕的陷阱。因此，投资需要理智。如果投资失去了应有的理智，变成了"投资狂"，其危险无异于"盲人骑瞎马"。疯狂的投资会让你暂时获得令人瞠目的迅猛扩展，但这种胡乱投资，非但赚不到钱，还有可能还会亏本，甚至造成吃钱的无底洞，最后又令人费解地如泡沫般消失。

理财宝典

市场有风险，投资需谨慎。在利益的诱惑下，作为女性朋友很容易失去理智，疯狂投资。无理性的扩大投资理财规模，投入经营成本，会让我们承担更大的资金风险。因此，制定科学的投资规划，让我们做到万无一失。

警惕无所不在的商业诈骗

今天，信息流、物流日益频繁，人们的商业活动也无所不在。女性朋友在日常生活中时刻受到各种商业诈骗的威胁，一旦遭遇欺诈，个人财务遭到重大损失，必然打乱正常的生活秩序，对此不可不防。

商业诈骗无所不在，形式多样，许多时候防不胜防。远离财务危机，必须警惕各种商业上的骗局。概括起来，日常生活中的商业欺骗主要有下面几种形式：

（1）绝不轻信广告

广告是传播信息的重要手段，是连接生产和消费的桥梁。最根本的一点是，广告是公司出资、通过一定的媒介或形式进行自我宣传的工具。显然，广告宣传的目的是唤起人们对某项特定事物的注意，为宣传商品、推销商品服务，诱发消费者购买商品，以增加公司的经济效益和社会效益。

然而，有的女性朋友在工作、生活中缺乏鉴别力，轻易相信报刊、杂志、广播、电视、网络等大众传媒中的虚假广告，从而上当受骗。今天，各种媒介渠道异常发达，尤其是网络信息铺天盖地，手机广告更是层出不穷。对此，我们要提高警惕，对多种形式的广告仔细甄别，不能因为轻信上当，给自己带来财务上的巨大损失。

（2）商业合同上的圈套

商业合同具备法律效应，因此签订之初不必谨慎。许多女性朋友

都吃过合同上的亏，那真是苦不堪言。尤其是对女老板、女性管理者来说，为避免在签订合同时上当受骗，在签订合同前应做到以下几点：

◎了解对方的信用情况。在签订经济合同前对不甚了解的单位要认真了解，不可轻率从事。对异地单位的经济合同签订、付款等手续必须严格按有关规定办理。对于经营范围、公司名称、结算付款单位不相一致的，应及时向工商行政管理机关反映。

◎了解和签订经济合同的有关法律与政策。双方当事人在签订经济合同时，不仅要依照《经济合同法》，还要依照与签订经济合同直接有关的具体法规，如《建筑安装工程承包合同条例》、《借款合同条例》等。

◎按照国家有关规定，对比较重大的经济合同，应向工商行政管理机关申请签证。通过借助权威机构的认定，能有效避免风险。

◎公司根据需要，要积极推行法律顾问制度，以防止无效经济合同的发生，维护公司的合法权益。

（3）远离证件印章诈骗

今天，社会上各种各样的公司、办事处多了，其中也不乏皮包公司，趁机打着"合法"的法人资格，利用假公章证件进行诈骗。一般来说，女性朋友防备这一骗术可从以下方面入手：

◎每一位公司的老板要消除"崇上"、"畏官"的心理，无论你在多么高身价的公章证件面前，都要保持冷静，使你的思维不至于混乱。

◎不要过高看待各种证件、介绍信的价值和作用。证件、介绍信只不过是一种"身份自我介绍"，并不能起到证实身份的作用。

◎不能根据一个证件、片言介绍信就轻易相信陌生人，特别是在决定重大事宜的时候。公司一旦陷入证件印章等诈骗之中后，应立即向公安机关报案，但是，绝不能采取以黑对黑，去用不正常手段进行报复。

总之，假公章、介绍信、工作证、记者证、身份证、名片等为骗子提供了方便的诈骗工具。有的女性朋友一见"公章"、"证件"就以为是最可信赖的标志了，就放松了警惕，这是不成熟的表现。

理财宝典

人们容易上当受骗，一个重要原因是因为自己太贪婪了。在贪心的驱使下，一个冷静的人也会失去理智，头脑发热，最后犯下愚蠢的错误。由此可见，在诱惑面前不贪不恋，是远离骗局的保证。

理财小测试

假设你花了 150 元，买了一张大型演唱会的门票，到了演出现场却发现门票丢了，你会再花 150 元买票进场吗？

同样是一场大型演唱会，但你打算到了演出现场再买票，买票前却发现丢了 150 元，不过你身上还有足够的钱，你会不会买票进场呢？

理财心理分析：

测试结果是：大多数人在第一种情况下，可能掉头而去，而遇到第二种情况却舍得再掏腰包。其实，两种情况下你都损失了 150 元，必须再花 150 元才能享受到精彩的表演。

大多数人觉得，第一种情况等于是买了 2 张票，花 300 元看一场表演，本来票价就嫌贵，花双份的钱当然就无法接受了；而第二种情况，你觉得丢了 150 元钱与看表演没有什么关系，钱是钱，票是票，你感觉票价还是 150 元。

划分心理账目是人们普遍的理财心理。有时候，这种心理的影响是积极的，因为把收入分门别类，赋予其不同的价值，可以避免浪费，有效地储蓄或投资。可人的自制力有限，比如你会精打细算地把每月 3000 元薪资细分为不同的账目：1500 元留作日常消费，1000 元存起来准备为孩子买一架钢琴，剩下的 500 元买点邮品收藏。这个时候的你是理性的。但是，假设你与同事一起逛商场，大家对你试穿的一件1000元钱的衣服赞不绝口，纷纷劝你买下来。于是，你毫不犹豫地买下了这件衣服。孰不知这不仅意味着你500元的邮品没有了，还意味着你这个月只剩下1000元的日常费用。这个时候的你就是情绪化的。为什么你会动用那500元呢？因为在你看来，500元动用了无关紧要，下个月再说也可以。同样是钱，由于你划出了不同的账目，赋予了不同的价值，你的理财行为就出现了偏差。

假设你除了3000元的薪资外，又有了一笔500元的额外收入，你是把这500元与3000元一样看待，还是大手大脚地花掉这500元？一般人都会选择后者，因为在他们看来，500元仿佛是意外之财，在你心中的价值就降低了。由此看来，你付出的精力越多，时间越长，就越会珍惜得到的回报；你不会珍惜那些付出精力少或时间短的回报，就像有些中了大奖的彩民，很快就把钱花完了，又回到以前的生活状态。这也是划分心理账目的一种表现。

一点建议：

越是面对突然而至的财富，越要进行冷处理。你可以先把那些意外之财单独储蓄起来，认真检查一下已划分好的账目，看看有没有透支的情况或者可以获利的机会。假设有个账目是专为孩子购买钢琴而建立的，只不过还差2000元，或者你持有的ABC公司的股票正蓄势待发，股价上涨指日可待，你的意外之财就可以派上用场，不至于在不知不觉中浪费掉。另外，如果你把"意外之财"储蓄3个月以上，情况就会发生变化。你不再视这部分钱为"意外之财"，因为它们储蓄在那里，就像你的小金库或备用金，给予你随心所欲支配这笔钱的机会，由此带来的满足感与日俱增，时间越长，你就越舍不得随意花掉。于是，你对"意外之财"的认知也就彻底转变了。这是以静制动的方法。